# 版式设计 从入门到精通

Layout Design from Introduction to Mastery

基础理论
＋
图文编排
＋
网格运用
＋
色彩搭配
＋
商业实训

潘建羽 ＿＿＿＿＿ 编著

人民邮电出版社

北 京

## 图书在版编目（CIP）数据

版式设计从入门到精通 ：基础理论+图文编排+网格运用+色彩搭配+商业实训 / 潘建羽编著. -- 北京 ：人民邮电出版社，2021.8
ISBN 978-7-115-56476-4

Ⅰ．①版… Ⅱ．①潘… Ⅲ．①版式－设计 Ⅳ．①TS881

中国版本图书馆CIP数据核字(2021)第079920号

## 内 容 提 要

本书共 9 章，集合了 100 多个版式原理讲解、200 多个案例分析和 7 个商业项目分析。第 1 章主要介绍点、线、面的基本概念和"三率一例"，以及它们在版式设计中的实际运用；第 2 章主要介绍元素之间的视觉关系对排版布局的影响；第 3 章从构图和情感方面介绍版式的基本类型；第 4 章主要介绍如何选择和运用字体，以及文字对版面的影响和排版技巧；第 5 章主要介绍图片素材的选择方法和排版技巧；第 6 章主要介绍版面的几种常见网格系统及其作用；第 7 章主要介绍色彩在版式设计中的搭配方法，并从色彩的基本原理和色彩的心理效应两个方面进行分析；第 8 章和第 9 章主要分析平面设计和网页/App 设计的商业项目，同时通过修改前后对比分析的方法帮助读者了解商业设计的工作流程和注意事项。

本书适合作为艺术设计专业的教材，也适合作为平面设计方向的入门及进阶教程。

◆ 编　著　潘建羽
　责任编辑　张玉兰
　责任印制　马振武

◆ 人民邮电出版社出版发行　北京市丰台区成寿寺路 11 号
　邮编　100164　电子邮件　315@ptpress.com.cn
　网址　https://www.ptpress.com.cn
北京盛通印刷股份有限公司印刷

◆ 开本：700×1000　1/16
　印张：10.75　　　　　　2021 年 8 月第 1 版
　字数：294 千字　　　　2024 年 9 月北京第 12 次印刷

定价：89.00 元

## 他 序

版式设计是现代艺术设计的重要组成部分，是视觉传达的重要手段，也是现代设计师必备的基本功之一。如今，各个行业都需要版式设计，在有限的设计区域内，优秀的版式设计可以更好地表现出产品的特性。作为设计师，需要准确地把握产品的亮点和卖点，在特定区域放大重要的设计元素，吸引用户视线，同时表现出产品的特性。

版式设计的应用领域在不断扩展，时代为版式设计赋予了新的潜力。从互联网诞生至今，版式设计一直扮演着用户与产品的桥梁的角色。进入 4G 时代后，版式设计在移动领域也起到了举足轻重的作用，相信在 5G 时代其作用会更大。优秀的版式设计能使设计主题更突出、生动，并具有艺术感染力。目前，市场急需版式设计方面的系统培训教程，各大院校和培训机构也开设了相关的课程。作者与翼狐网合作已久，在翼狐网发布的教学内容深受用户喜爱。《版式设计从入门到精通：基础理论＋图文编排＋网格运用＋色彩搭配＋商业实训》是一本理念性的版式设计书，从基本的点、线、面概念出发，拓展到设计元素的应用，而且其中的知识点用实际图例加以说明，既易于读者理解，又能帮助读者举一反三。本书最后两章讲解了实际工作中的商业项目，以设计的思维来分析商业项目的设计要点，使读者能够真正理解并吸纳设计思路。

翼狐网内容总监——罗铭轩

2021 年 3 月

设计就是经营元素的位置，这是对设计思想的高度诠释。在版式设计中，设计师经营点、线、面 3 种元素，并安排这些元素的大小、比例和位置关系。从广义上讲，设计无处不在，例如，人们规划自己的工作、生活，保证工作有效率，生活有秩序。从狭义上讲，设计又细分出很多学科，如平面设计、UI 设计、工业设计、室内设计和服装设计等。

儿时的我酷爱绘画，经常临摹一些书中的卡通人物。大学时代有幸考上了艺术设计专业，接受了正规、系统的设计教育，也积累了大量的设计理论知识。毕业后有幸进入了国内知名科技公司，后来又进入外企，通过从事视觉设计工作，接触了国内外不同的设计风格和技法。

随着互联网的蓬勃发展，电商行业和移动应用行业迅速崛起，越来越多的人选择学习设计，因为他们认为设计行业入门易、上手快、门槛低。很多刚接触设计的人认为学设计就是学软件，盲目学习操作技术却忽视了理论基础，导致在实际设计工作中无从下手。无论是新兴的 UI 设计，还是传统的平面设计，都离不开版式设计，其理论基础和设计精髓是学好其他设计学科的前提条件。

随着知识付费时代的到来，我萌生了一些想法，希望将多年积累的设计经验分享给大家。在多家知名互联网平台上，我发表了多篇关于设计的文章，并赢得了业内人士的认可与好评。秉承"尊重教育，讲良心课"的教学理念，我推出了一系列设计公开课，为一些零基础的设计爱好者提供学习和进步的机会。

为了帮助读者树立正确的设计观念，我编著了本书。本书提炼并总结了我十几年的设计经验，其中结合了中外经典设计案例，采用由浅入深的系统学习方法，讲述版式设计的基本原理，使读者能够快速学习并掌握版式设计理念，了解版式设计的重点、难点和基本规律。本书所有知识点均采用原理讲解与案例分析相结合的方式进行展现，力求加深读者对知识点的理解，帮助读者掌握版式设计的构图方法和注意事项，并增强设计的实战能力。

希望本书能够帮助读者做到设计有理念，作品有灵魂！

潘建羽

2021 年 3 月

# 目 录

# 第 1 章

# 版式设计的
# 基本知识

# 1.1 版式设计的概念

　　"版式设计"的英文是"Layout"，有"规划"和"区域划分"的含义。版式设计是指设计师根据设计主题和视觉需求，在设定好的版面内遵循形式美法则，将文字、图形和色彩等设计元素有组织、有目的地排列组合起来。版式设计是信息媒介和接收者之间沟通的桥梁，是传递信息的特殊语言。符合视觉规律的版面设计可以将信息很好地传递给人们，并且能使版面在视觉上产生美感，使人们获得精神上的喜悦和心灵上的共鸣。

# 1.2 版式设计的应用范围

　　版式设计的应用范围非常广泛。例如，版式设计可应用于杂志、报纸、书籍、包装、网站、海报、宣传画册和 VI 设计等领域。随着物质生活水平的提高，人们的精神需求也在不断提高。早期，书籍、报纸和杂志等纸质出版物满足了人们的阅读需求；如今，随着科技水平的提高和新媒体的出现，人们获取信息的渠道更多了，版式设计作为传达信息的媒介，也相应地被广泛应用到各行各业。

杂志设计　　　　　　　　　　报纸排版　　　　　　　　　　书籍装帧

网页设计    海报设计      画册设计

# 1.3 设计三元素：点、线、面

  在版式设计中，点、线、面被称为设计三元素。大千世界，人们肉眼看到的所有具象物体最终都可以简化成不可再分的点、线、面元素。点、线、面不仅是抽象符号，还蕴含了丰富的设计语言，而设计师的主要工作就是在版面中处理好它们的位置关系。

  在版式设计中，点、线、面之间既相互独立，又相互影响。在版面中，大家可以将一个文字看作一个点，将一行文字看作一条线，将一段文字或一张图片看作一个面。总之，设计师可以灵活运用点、线、面三元素的大小、比例和位置变化，设计出独具匠心的作品。

# 1.3.1　点

　　在几何定义中，点是构成图形的最小单位。点只有位置变化，而没有大小的概念。在日常生活中，人们用小圆点表示点；但在设计中，点的形态是多种多样的，可以有大小变化和形态差异。人们可以将现实生活中的很多物体抽象成点，如河边的石子、风中飘零的树叶和璀璨的星星等。

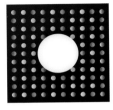   

## 1. 点的属性

　　在版式设计中，点被赋予了形态、大小和数量等各种属性。在版面编排时，为了突出版面的视觉变化，构建版面信息的层级关系，实现读者与版面的视觉和情感交流，设计师应该灵活运用点的不同属性。

　　在现代构成艺术中，点的表现形式多种多样，有方形、圆形、三角形和多边形等，这些形式都可以抽象成点的形态。方形的点令人感到坚定和硬朗，圆形的点令人感到圆润、温和、谦逊。规则的点令人感到理性，不规则的点令人感到张扬。总之，在版式设计中，不同形态的点可表达不同的情感，有不同的寓意。

　　这是一张家具宣传海报。版面重心由不同形态的点聚合而成，而这些点由不同形态的具象化实物抽象而成，在视觉上具有很强的向心力，能够聚焦读者的视线，以此来突出和表达设计的主题。

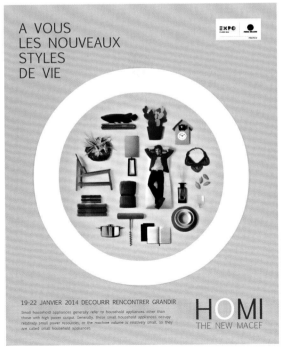

在视觉设计中，点的大小是通过对比体现出来的。在版面中，放大或缩小点元素可以明确信息之间的主次关系，形成版面的视觉焦点，有效地聚焦观者的视线。相对较小的点可以衬托或丰富版面空间，使版面更有层次感。

这是一张建筑设计宣传海报。设计师将文字和图片抽象成点，图片由较大的点组成，文字由较小的点组成，并进行大小对比。整个版面既抽象，又具有形式感。

在版面中，点以单个点或多个点的形式进行表现。在版面中，如果只存在一个点，那么这个点将成为版面的视觉焦点；如果存在多个点，那么这些点可以起到分散视线的作用。在实际工作中，设计师可以重复使用同一个设计元素。这种表现手法既能够活跃版面气氛，又能够丰富版面的视觉效果。

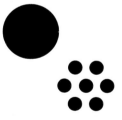
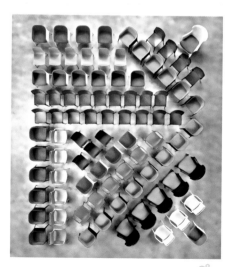
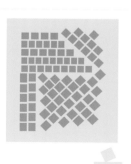

这是一张座椅宣传海报。从视觉方面分析，数量很多的椅子和右下角单个品牌 Logo 形成了数量对比，但彼此又相互衬托。这不仅将品牌旗下的产品进行多次曝光，还强调了品牌的形象。

## 2. 点的情感表现

点不仅有形态、大小和数量的变化，还能表达不同的情感。在版式设计中，用点表达情感变化很常见，这可以使版面更加灵活、丰富，并且具有一定的艺术美。

点的虚实与点的聚散是相辅相成的关系。点的虚实不仅可以通过颜色的浓淡表达，还可以通过点的大小、距离等多种因素表达。通常情况下，实点可以作为版面的重点进行突出，令人产生一种积极、正面和进步的心理感受；而虚点可以作为版面的衬托进行弱化，令人产生一种消极、负面和退步的心理感受。

这是一张办公聚会宣传海报。虚实结合的点构成了版面的视觉重心，象征着团队的凝聚力。文字信息安排在版面的上下位置，大面积留白与主题元素形成鲜明的对比，可吸引观者的视线。

点本身不具备任何情感，但不同形态的点组合在一起会产生丰富的情感。在版面设计中，密集排布的点令人感到紧张，分散排布的点令人感到舒缓。密集排列的点使设计元素更加内聚，可以加强元素之间的内在关联性；分散排列的点使版面看起来更加舒适，可以使元素显得更加自由、独立。

这是一张香槟酒的海报设计。海报采用大面积留白，将产品定位和版面风格定义为高端大气。为了避免留白让版面产生空洞感，设计师用密集的点构成瓶身造型，用分散的点丰富版面的留白区域，通过点的聚散表达出设计的哲学。

在版面中，调整点的大小和位置可以形成一定的视觉规律，产生一种韵律感和秩序感。设计师可以根据设计理念和版面风格进行综合考虑，充分发挥想象力和创造力，使版面更加具有艺术感和形式美。

这是一个美食杂志的内文版面设计。在视觉上，设计师采用不同大小和位置的点形成一种节奏感、韵律美，使整个版面更加生动、活泼，有趣味。

## 3. 点的作用

改变点的数量和位置，可以起到聚焦或分散视线的作用。少量聚集的点能够起到聚焦视线的作用，提高人们的注意力；而大量分散的点则起到分散视线的作用，使版面更加丰富、热闹。

### · 聚焦视线

与线相比，点不具备方向性和延展性；与面相比，点的视觉体量较小。点的数量不同，可使人的视觉焦点发生变化。当版面中空无一物时，人们的视线处于游离、发散状态；当版面中出现一个点时，人们的视线会不自觉地聚焦在这个点上；当版面中出现两个点时，人们的视线又会在两个点之间转换；当版面中出现 3 个点时，人们的视线通常会聚焦在中间那个点上，这个点就是平衡视觉的中心点。

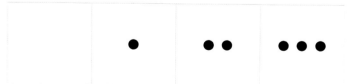

如此，大家就能明白，之所以在 App 界面设计中，底部和顶部的标签一般都设置为奇数个，是因为奇数可以起到平衡视觉和聚焦视线的作用。

这是一张户外旅行宣传海报。首先，大面积留白使版面看上去非常简约；其次，精练的文字将中间最醒目的点进行了衬托，这个点聚焦了人们的视线，成为页面的视觉焦点。

这是一张婚礼请柬。版面的视觉重心是一个抽象的点，并且这个点由各种各样的色块拼贴而成，将人们的视线聚焦到版面中，使版面既简洁，又具有视觉冲击力。

## · 分散视线

点不仅具有聚焦视线的作用，还有分散视线的作用。在版式设计中，设计师经常运用散点排布技法分散人的注意力。这种技法不仅丰富了点在版面设计中的作用，还可以使版面看上去随机、自然，并且令人感到轻松、愉快。

这是一张美食招贴海报。设计师将饼干素材随机进行排布，不仅分散了人们的注意力，还丰富了版面空间，提高了图版率，使整个版面看上去非常俏皮、活泼，并且令人感到有食欲。

在这张图书馆招贴中，设计师将需要表达的文字信息融入分散的点。这些由文字构成的点像气泡一样飘散在图书馆里，使原本沉静的图书馆具有一种轻松、活泼的阅读氛围。

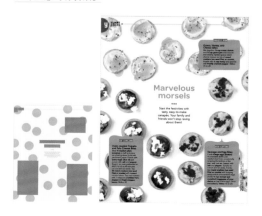

# 1.3.2 线

在几何学中，线是指由一个点任意移动所构成的图形；线只有长度，没有宽度和厚度。在版式设计中，线同样是一种至关重要的视觉元素，人们赋予了线条更多情感并表现出线条的更多属性。在设计中，线具有长度、粗细、形式和肌理变化，有时候在表达方式和表现情感变化上优于点。

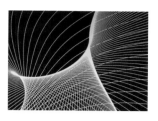

## 1. 线的属性

点在运动过程中会留下运动轨迹，而运动轨迹连起来就是一条线，即一条线由无数个点组成，这就是"点动成线"的由来。在版式设计中，线具有长短、粗细和虚实等属性，不同长短、粗细和虚实的线能够产生不同的视觉效果。在实际工作中，设计师应该充分了解不同形态和属性的线对版面产生的影响，灵活运用和搭配，设计出不同的版式效果，并使版面产生不同的情感。

线有长短之分。与长线相比，短线的方向性和视觉表现力偏弱，给人拘束和精致的视觉感受，因此短线经常用于装饰和强调局部。而长线具有较强的方向性和视觉表现力，因此经常用来划分版面和引导视线。

这个网站界面综合运用了长线和短线。在版面中，短线的主要作用是对信息进行强调，而长线横向贯穿界面，其主要作用是降低版面的视觉重心。

在版式设计中，线的粗细变化可产生不同效果。粗线的视觉效果更加鲜明、有力，令人感到厚实、稳重；而细线令人感到精致、文雅。在实际的设计中，将粗线和细线进行灵活运用，可以使版面产生强烈的对比，从而设计出张弛有度的版面效果。

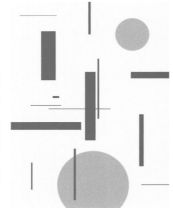

这是 IT 网站的首页。网站以黑色背景为主，彰显科技行业的特征。线条的粗细和颜色的变化，为严肃、理性的版面增添了几分色彩。

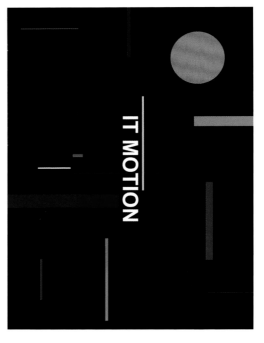

线的虚与实具有相对性。实线是指具有明确形态和直观性的线条。与实线相比，虚线可视性较弱，并且需要人们通过联想来发现这些隐藏的线条。在版式设计中，将线条的虚与实进行合理运用、表达，可以使版面更具有艺术的美感和哲学的意味。

这是一张讨论会主题海报。其版面元素以简单有力的线条为主，并通过线条的虚实变化勾勒出由远及近的阶梯造型。

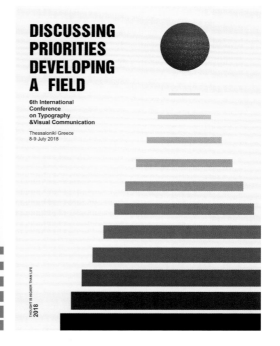

## 2. 线的情感表现

在版式设计中，线是重要的视觉元素，其形态多种多样。与点相比，线具有更丰富的视觉表现力和情感表达力。线根据不同的形态可以分为横线、竖线、斜线、折线和曲线。不同的线条有着不同的性格特征，所表达的情感也不相同。

| 横线 | 竖线 | 斜线 | 折线 | 曲线 |

横线是点在水平方向上移动的结果。横线笔直硬朗，具有平衡感和方向感，可给人一种无限延伸的感受。横线象征着稳定、新生或死亡。

这张海报的视觉重心是健身器械，但是此处明显有悬空的感觉，因此设计师在下方添加了水平方向的粗实线条，这起到了稳定版面的作用。版面构图巧妙，主视觉元素位于版面的纵向黄金分割线上，粗实线位于横向黄金分割线上。

WE STAY RUNNING
24 HOURS SO
YOU CAN TOO

*run*WESTIN

Traveling can throw off your workout routine. That's why our
health club inspired WestinWORKOUT® fitness studios stay
open 24/7. With plenty of treadmills in our facilities, you can
get your run in while you're on the road.

*For a better you.*

WESTIN®
HOTELS & RESORTS

竖线是点在垂直方向上移动的结果。竖线给人坚定、庄重、理性和严肃的视觉感受，能给人一种向上生长或向下扎根的心理感受，因此竖线一般象征着顽强的生命力，表达拼搏向上的积极状态。

在这个设计中，设计师将粗壮有力的竖线安排在版面的黄金分割线上，支撑起原本平淡的版面，并且使版面的力量感十足。竖线将版面一分为二，立场非常坚定、鲜明，可引导读者按一定顺序阅读。

斜线是点在倾斜方向上移动的结果。斜线能够轻松打破版面的稳定性，使版面具有个性。斜线给人一种动感和紧张感，且会令人感到不安。

这是一张抽象艺术宣传海报。将带有艺术图案的斜线抽象成大写字母 Y，不仅突出了艺术主题，还打破了版面的平衡，使整个版面更加具有形式感。

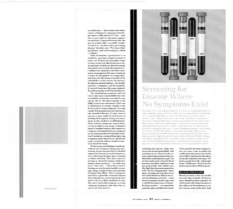

折线是点在不同方向上起伏变化形成的结果。折线可以使版面具有跳跃感和节奏韵律。在版式设计中，巧妙运用折线元素可以打破版面的平衡，使版面更具节奏感和动感。

这是一张演出时间表。版面运用折线来表达时间的变化，主题文字醒目，版面结构简洁鲜明，非常具有艺术美。

曲线的类型较多，但都是点按照一定的曲率移动的结果。曲线一般具有女性的柔美和韵律美，能使版面更加圆润、有张力。

在这张欧美设计风格的海报中，版面主要由蜿蜒的线条和文字构成。极简的黑色背景、简单的线条使版面充满了艺术气息，具有形式美。

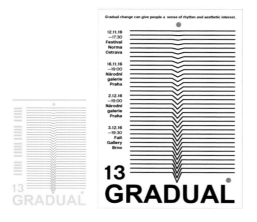

## 3. 线的作用

在版面设计中，线具有非常重要的作用。线不仅可以将版面划分成不同的区域，增强信息的逻辑关系，引导读者的视线，提高读者的阅读效率，还可以起到支撑版面的作用。

### · 分割版面

在版面设计中，线可以用来分割版面。设计师经常运用线条将版面进行合理划分，形成不同的信息区，使版面更加合理、规范。将版面进行合理划分可以构建良好的阅读秩序，方便读者阅读，并且丰富版面层次，使版面更富有变化。

这是一张杂志内页。在版面中，明确的线条将版面划分为上、中、下3个独立的部分，使版面内容条理清晰，版面结构一目了然。总之，线条的重要作用是分割版面。

### · 引导视线

线本身具有视觉延展性，因此在版面设计中，设计师经常使用线来引导人们的视线。合理运用线条的指引性可以使版面信息更加具有关联性，不仅方便人们阅读，还能够提高阅读效率。

这是一张以文字为主的版面设计图。蜿蜒的线条将字母串联起来，通过这种方式指引读者的阅读顺序和视线方向，这可以使整个版面更具有趣味性。

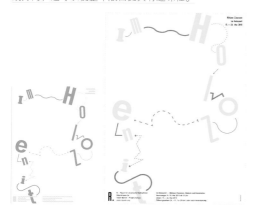

### · 支撑版面

水平或垂直的线条给人笔直硬朗的视觉感受。在版面设计中，设计师经常运用线的特性，通过不同的编排方式营造版面空间，使版面更加丰富饱满并富有视觉张力。

这是一张海报，没有过多的文字和设计元素支撑版面，因此设计师巧妙运用线条装饰版面，将版面支撑起来。另外，版面左上角的文字也起到了平衡版面的作用。

# 1.3.3 面

线动成面，面在版面中所占的空间很大。面具有长度和宽度，但没有厚度。面不仅代表区域，还可以将同类信息聚在一起。面的形状多种多样，在版式设计中，除了点和线构成的视觉元素，其他元素都可以看作面。面可以是放大后的点和线，也可以是一张图片或一个图形，其形态可以是规则的，也可以是不规则的。在版式设计中，与点和线相比，面更具表现力和实体感，也是常用的视觉元素。总之，由不同大小的面组合而成的画面具有非常强的视觉冲击力。

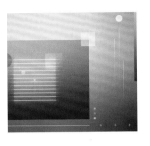

## 1. 面的属性

在点、线、面中，面的体量感最强，对版面的视觉效果影响最大。将点放大或重复使用线条都能得到不同属性的面。面可以是规则的，也可以是不规则的；面可以是虚的，也可以是实的。总之，将不同属性的面单独使用或组合搭配，能够使版面营造出不同的视觉效果和心理感受。

规则的面是指按照一定的几何规律构成的面。在几何学中，常见的规则的面有矩形、圆形、三角形等，它们的共同特征是边缘简单且不易再分。规则的面令人感到严谨、理性，因此多用于一些具有形式美和艺术感的版式设计中。

不规则的面的边缘没有规律。在现实生活中，绝大多数物体都可以抽象成不规则的面，如动植物的剪影等。不规则的面更容易使人产生联想和代入感。在版式设计中，设计师可以灵活运用不规则的面表达一些具象物体，以使版面更加丰富、生动。

在这个招贴设计中，设计师充分发挥了面的作用。将若干个大小不一、方向各异的矩形组成不规则的虚面效果，使版面非常具有设计感和形式美。同时，规则的矩形也充分表达出运动的阳刚之气，仿佛向读者传达此项运动可以克服各种困难和障碍。

这张海报运用不规则的面将版面进行区块划分。设计师先将版面划分成大小不同的区域，然后将图片、文字排布在这些不规则的区域中，彼此独立且互不影响，使整个版面既新颖，又富有创意。

在版面中，如果点和线扮演着"虚"的角色，那么面就扮演着"实"的角色。那些由点和线构成的面通常被称作虚面，而内部是实体的面被称作实面。这两种不同形态的面在情感表达上截然不同，实面令人感到充实、饱满和积极，而虚面令人感到内敛、含蓄和消极，并且虚面的厚重感和视觉表现力比实面弱。

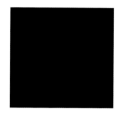

在这张建筑设计宣传海报中，设计师将图片作为版面的视觉重心，使版面更加具有体量感。另外，该海报的图版率较小，整体视觉效果规整、平稳，令人感到高端、雅致。

在这张手表宣传海报中，设计师通过重复的线条形成虚实结合的效果，使版面更加丰富、饱满，并且虚实结合的线条起到了支撑版面的作用。

Architectural Structural Design

**ARCHITECTURAL**

NEW YORK SINCE 1837

Jean Paul
GAULTIER

## 2. 面的情感表现

在版式设计中，面不仅具有不同的属性，还被赋予了不同的人格。不同形状的面可以给人带来不同的心理感受，有的面看起来刚强、硬朗，有的看起来阴柔、消极。因此，为了充分表达设计理念，设计师应该善于使用面所表达的情感。

边缘平直的面在视觉上锐利、强势，具有很强的力量感和视觉冲击力，通常令人感到强壮、硬朗。因此，一些与男士相关的设计刊物会运用边缘平直的面来表达男性的阳刚之气。

这是一个企业沙龙的物料宣传设计。该设计通过不同颜色的区块进行构图，鲜明的黄色令人感到耀眼、热情、奔放，具有阳刚之气。同时，通过色彩明度变化将版面分为前、中、后3个层次，使版面具有层次感和空间感。

阴柔的面是指那些边缘由曲线构成的面。曲线能给人一种阴柔美，因此在表达亲和力和设计与女性相关的刊物时，可以用阴柔的面烘托内敛、柔和的氛围。

这张海报的版面给人的第一视觉印象是很有趣味性，而这种趣味性就是通过阴柔、俏皮的块面进行突出的。同时，版面的整体配色和人物的选择也都倾向于女性的阴柔美。

## 3. 面的作用

在版式设计中，调整面的大小、远近和前后关系，可以起到划分版面区域、丰富版面层次的作用，使整个版面信息条理清晰，并且具有层次感和纵深感。

### · 划分区域

在版式设计中，面的区域性表达很有力。通过色块将版面进行区域划分，可以使信息内容更加内敛，并且有规律可循。图片和文字段落都可以看作面的形态，图片是实面，文字段落是虚面。

在这张建筑杂志的对页版面中，图片充当了实面，文字段落充当了虚面。图片存在大小对比、位置对比和横竖对比，这也将版面划分为不同的区域，使版面视觉效果灵活，并且非常跳跃。

### · 丰富页面层次

在视觉上，面能够起到醒目、平衡和丰富空间层次等作用。面可以通过前后重叠体现出版面的空间感和纵深感，其视觉表现力更强，使二维空间看起来更加立体，并且富有层次感。

这是一张旅游网站界面。通过图片和色块将版面划分为大小不一的面，在视觉上形成了前、中、后层次对比，这增强了界面的视觉深度和立体感。

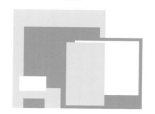

这是一个家具杂志的对页设计，设计师巧妙运用文字段落和不同的图片构建虚实块面。另外，一部分产品图进行去底处理，再配合活泼有趣的引导说明线，为整个版面增添了几分层次感和趣味性。

# 1.4 版式设计中的"三率一例"

在版面中，设计师对点、线、面设计元素进行大小、比例和位置关系的处理，这就是版式设计。版式设计中的"三率"是指版面率、图版率和跳跃率，"一例"是指黄金比例。优秀的版式设计能给人带来视觉上的美感和精神上的愉悦，而粗劣的版式设计则不符合美学规律，甚至毫无美感可言。将感性的设计进行理性的归纳和表达，有助于设计师在实际工作中设计出更优秀的作品。

在具体介绍和分析"三率一例"这一概念之前，笔者先来介绍什么是版面。

版面是指在页面中主要呈现图文信息的区域。在印刷设计中，大家可以将版面理解为去除天头、地脚、切口和订口后的中间区域。在版式设计中，版面的地位非常重要，因为无论大家设计哪一类作品都需要先规划好版面的大小。版式设计是在有限的版面内进行有目的、有规划的设计，使版面内的图文信息编排得更加科学、合理，并符合美学规律，这也是版式设计的基本前提。

**天头：**页面中顶部页眉留白区域。

**地脚：**页面中底部页脚留白区域。通常将页码和脚注设置在地脚区域。

**订口：**页面靠近书脊将要装订的留白区域。

**切口：**页面最外侧将来要被裁切的留白区域。

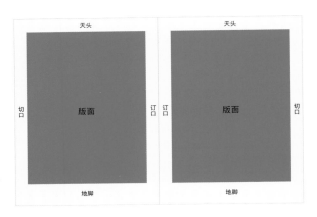

在网页设计中，版面可以理解为网页的主视觉区域。一般网站主视觉区域的宽度范围为1000px~1200px，而垂直方向上的内容可以是无限长的，因此不限制网站界面的高度。在设计网站界面时，只需要将图文信息排布在主视觉区域内，而超出主视觉区域的信息则不易被人重视。

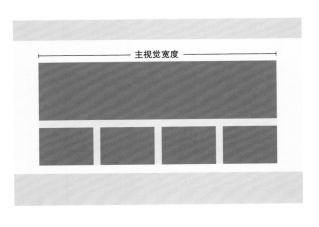

# 1.4.1 版面率

版面在开本中所占的比例叫作版面率。版面率越小，页面留白越大，这样会令人感到高级、雅致；版面率越大，页面留白越小，给人的感觉是内容丰富、信息量大。

- **增大版面率可以让版面更实用**

一般资讯类、工具类、产品宣传类和购物网站的版面率比较大，因为这些类型的版面设计要传递很多信息，如果版面太小则不能容纳较多的图文信息。这里需要强调，版面所承载的信息量与版面率没有绝对关系，大版面率的版面所承载的信息可能是一张满底的图片和少量的文字，而小版面率的版面所承载的信息可能是很多图片和文字。

在这个购物网站的产品界面中，其版面率几乎达到100%。与印刷刊物相比，网站的界面展示受到多种因素的限制，因此每一个像素都很珍贵。一般电商类网站会充分利用版面，以传递更多的商品信息。

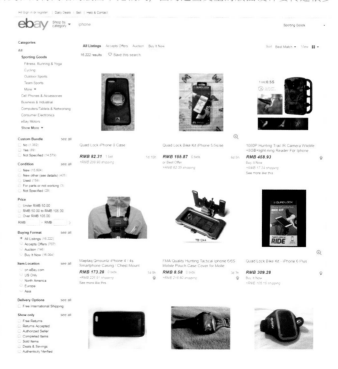

- **减小版面率可以让版面更精致**

高品质刊物一般采用小版面率，将主要信息内聚，并且页面中有大面积的留白，使整个页面看起来清新、简约、高雅和精致。虽然前面讲到版面率与信息量没有绝对关系，但通常小版面率的版面可展示的信息较少，这避免了信息过度拥挤，不会破坏版面的设计风格和定位。

这是一张杂志内文页面，通过大面积的留白和简短的文字降低版面率，从而在视觉上营造出一种简约、高雅的效果。

版面率是否合理，可直接考验设计师对刊物内容的理解是否到位，以及把控设计风格的能力是否够强。在实际工作中，设计师接到设计需求后，通常先对设计风格进行明确定位，确定设计风格是实用性的还是艺术性的。一般实用性的版面可以采用较大的版面率，而艺术性的版面可以采用较小的版面率。

# 1.4.2　图版率

在版面中，图片所占版面的比例叫作图版率。图片数量越多，图片尺寸越大，图版率越大；图片数量越少，图片尺寸越小，图版率越小。图版率大的版面令人感到丰富、热闹，图版率小的版面则令人感到低调、沉稳。提高图版率可以增加版面的可视性和跳跃率，但一味增加图版率就会忽视文字的作用，使版面显得空洞、乏味。总之，设计师应该根据版面的风格定位来灵活调整图版率。

版面左侧直接使用一张满底图，其图版率为100%，而版面右侧是裁剪后的图片，其图版率为30%。将左右两侧的图版率进行对比，形成视觉差异，使版面张弛有度，具有视觉张力。

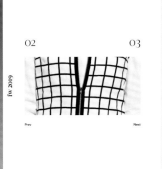

这是一张食品宣传海报。版面采用标准的满版型构图，没有留白，其图版率达到了100%。通过大面积红色激发人们的食欲，同时红色是极具穿透力的颜色，识别度较高，容易吸引人们的视线。

这张海报的图版率约为50%，将图片和文字进行组合设计，图片能够向外界传达情感和故事，文字能够对主题进行辅助说明。在日常生活中，这类图文结合的海报设计非常多。

这张艺术海报的图版率约为20%，重要的艺术图案位于版面右上方的黄金分割处，使人们的视线能够聚焦。另外，版面中没有过多的文字干扰视线，起到了"Less is more（少即是多）"的效果，给人留下深刻的视觉印象。

这个文摘类杂志页面没有运用任何图形或图片，因此图版率为0%。整个版面显得非常单调、乏味，长时间阅读容易给读者造成视觉疲劳和厌倦感。

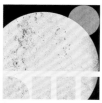

观察上面4张图例可以发现，在版面中图片所占的比例直接影响版面的设计风格。在实际工作中，要根据版面的基调和定位灵活调整图片的数量和大小，使版面在视觉上富有变化。

- **通过垫色处理增大图版率**

　　在实际设计工作中，有时会遇到图片素材数量有限，但又必须提高图版率的情况。这时可以增加色块或给图文信息进行垫色，使版面更加具有层次感。

　　这是一个产品杂志页面。在版面中，通过垫色增大图版率，不同的色块构成了大小不同的块面，这些块面既能分割版面和划分区域，又能丰富版面，使版面轻松、活泼，并且更加年轻化。

- **通过重复图片素材增大图版率**

　　在实际工作中，经常会遇到素材尺寸小和画质低的情况。这时可以用重复图像的方法来解决。这种重复变化不仅可以增大图版率，使版面看上去更加灵活、富有节奏和韵律变化，还可以使版面不再空洞、呆板。

　　在这张产品宣传海报中，设计师将不同大小和质感的圆进行随机分布，从而增大图版率，使版面更加丰富、饱满，具有时尚的艺术气息。

**Tips**

　　在设计版面前，设计师要先考虑作品的适用人群和风格定位。通常儿童刊物或电商类网站的图版率较大，而以文字为主的小说或工具类图书的图版率较小。

# 1.4.3　跳跃率

　　跳跃率是指版面中的设计元素通过大小和位置变化在视觉上营造出的一种对比关系。跳跃率大的版面令人感到生动、活泼，并且富有节奏感和韵律感；而跳跃率小的版面则令人感到沉稳、宁静和高雅。

　　在实际工作中，跳跃率应该根据版面的设计风格和定位进行灵活调整，以营造出更好的视觉效果。在版式设计中，跳跃率主要分为文字跳跃率和图片跳跃率。接下来根据影响版面跳跃率的 3 个主要因素，综合介绍文字和图片的跳跃率。

- **第1个因素——大小对比形成跳跃感**

　　在设计版面时，调节文字或图片的大小可以增大或减小跳跃率。跳跃率大的版面，文字有明显的大小、粗细和角度变化，整个版面看起来更加丰富、活泼，并且亲和力更强；跳跃率小的版面，文字基本上大小相同，并按照一定的次序分栏排列，整个版面显得安静、典雅，令人感到稳重，但又略显呆板。

　　在这个以文字为主的版面中，文字跳跃率较大。设计师刻意将标题文字加大、加粗，并将角度进行倾斜变化，从而与正文文字形成鲜明的对比。

　　在这个以文字为主的版面中，文字的跳跃率较小。虽然标题文字的字号和正文文字有大小变化，但差异不明显，版面整体看上去略显呆板，视觉表现力不强，难以激发读者的阅读兴趣。

　　上面只说到文字对跳跃率的影响。实际上，图片对版面跳跃率的影响也很大，甚至在某种情况下比文字对跳跃率的影响更大。总之，可以通过调整图片的大小、位置和方向改变版面的跳跃率。

　　在这张招贴中，设计师将图片的大小、位置和方向进行调整，形成强烈的视觉对比，令人感到设计理念大胆、前卫。

　　这是一张建筑宣传海报，版面以满版型为主。设计师将版面划分成若干个方格，并作为填充背景。在视觉上，图片没有主次之分，这使版面的跳跃率大大减小，从而给人带来一种平稳、安定的心理感受。

## · 第2个因素——位置对比形成跳跃感

在版面设计中，调整图片或文字的位置可以使版面具有跳跃感。例如，调整设计元素的远近、疏密和方向。总之，灵活调整设计元素的位置，可以使版面更具有活力，并提高了版面的阅读趣味性。

这是一个汽车配件宣传册内页。设计师将部分图片素材进行去底处理，并将图片的位置、大小和方向进行调整，使其具有跳跃感。另外，成组的文字通过前后、远近和疏密处理，使版面具有层次感。

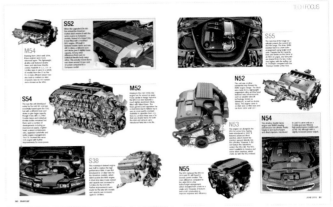

在这张杂志页面中，图片的跳跃率较小。图片大小相同并进行规则排列，图片在版面中的跳跃率几乎为零，这使版面看上去与图中的自然环境一样安稳、平静。

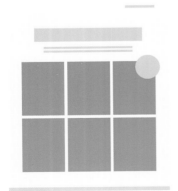

**· 第3个因素——颜色对比形成跳跃感**

在版式设计中，颜色与图片、文字共同构成了版面的主视觉元素。不同的色彩被人们赋予了不同的情感，例如，红色象征着热情、恐惧，绿色象征着生命、和平，蓝色象征着纯洁、科技等。颜色对版面的跳跃率有很大的影响，大家可以通过对不同色相、明度和纯度的颜色进行搭配，使版面看起来生动、活泼或沉稳、高雅。

这是一个时尚购物网站的首页，通过颜色对比形成很强的跳跃感。设计师运用大面积的留白、随机的色块造型和撞色，增大界面跳跃率，彰显年轻时尚的设计风格。

这是一个建筑材料招贴设计，版面的整体色调以灰色为主，跳跃率几乎为零，在视觉上显得沉稳、高雅。

# 1.4.4 黄金比例

黄金比例这一概念源自毕达哥拉斯学派。黄金比例具有比例性、艺术性和和谐性三大特点。黄金比例蕴藏着丰富的美学，也是一种古老的数学方法。黄金比例揭示了自然界中的一种美学规律，在艺术和设计中也非常受人青睐，大家可以在大量的艺术作品中找到黄金比例的身影。

下图 AC 线段与 AB 线段的比值等于 CB 线段与 AC 线段的比值，比例约为 0.618：1 或 1：1.618，这一比例被称为黄金比例。黄金矩形的长宽之比为黄金分割率，一个黄金矩形可以无限生成等比例的黄金矩形。

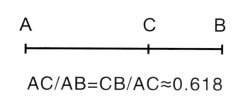

黄金比例示意图

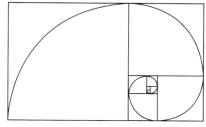

黄金矩形+正方形=新的黄金矩形

这是一家马戏团的官方网站首页。3个男人连成的竖线在整个版面的黄金分割线上，使整个版面非常协调。

在这张音乐海报中，最突出的设计元素是渐变圆环。渐变圆环是版面的视觉重心，在黄金分割点处，再通过黑色背景的烘托，使版面更加醒目，可充分表达出音乐能够带给人们丰富的视觉享受。

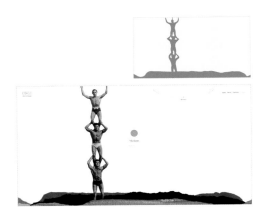

九宫格是黄金比例的经典体现。我国古代有九宫格构图法，主要用于皇家园林布局。九宫格构图也叫井字格构图，运用横向的两条线和竖向的两条线将版面平均分成9块，4条线相互交叉的4个点就是版面的黄金比例分割点。在国外的摄影理论中，这4个黄金比例分割点也作"趣味重心"，因为在这4个黄金分割点上排布设计元素会使版面更加优美。

九宫格示意图

这是一张灯具招贴，采用了标准九宫格构图，使版面看起来井然有序，犹如陈列于商场的橱窗中，设计元素彼此独立又互不影响。

这是一个旅游杂志内页，版面构图采用了标准的九宫格构图。在视觉上，格与格之间没有大小、主次之分，因此使用序号引导阅读顺序。

除此之外，在日常生活中，黄金比例被广泛应用到美术、建筑和摄影等领域中。

**Tips**

在版式设计中，黄金比例是一种和谐的版面分割方式，而版式设计的美或丑并不完全取决于是否运用了黄金比例。

# 第 2 章

# 元素之间的
# 视 觉 关 系

02

# 2.1 设计元素之间的视觉规律

　　视觉是人们获取外界信息的主要渠道，人们每天通过观察到的信息进行思考，并且形成一定的思考习惯和规律。人眼在搜集视觉信息时一般遵循从大到小和从有色到无色的过程。在版式设计中，为设计出更科学合理的版式，设计师应该遵循这一视觉规律。本节将针对视觉规律中非常重要的视界和视线引导这两个概念进行讲解。

## 2.1.1 视界

　　在远古时代，男性主要负责外出打猎。在打猎的过程中，男性专注盯着猎物，而忽视周围的风吹草动。女性主要负责四处寻找野果、野菜，以及照顾孩子。因此，经过时间进化，女性往往比男性的视野更开阔。

　　视界是指肉眼能够观察事物的视野区域。经过科学抽样测试发现，人眼垂直视野区域大约是150°，而水平视野区域大约是190°。人眼可视的清楚的视野区域是水平70°以内，而非常专注时的视野区域是水平30°以内。

　　在设计版式时，设计师要遵循人眼的这个视觉规律，首先将主要表达的图文信息放在版面视觉表现力强的区域，让受众的视线停留在重点上；然后将次要的信息排布在版面的四周，从而达到视觉弱化的目的；最后将版面中的元素进行对比和有节奏的排布，从而营造出具有趣味性的视觉效果。

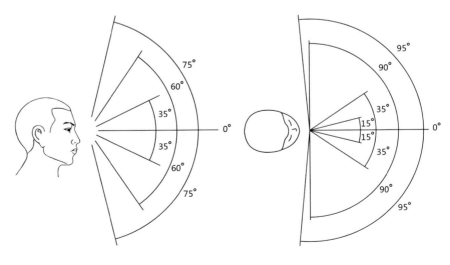

垂直视野区域　　　　　　　　　　　　　水平视野区域

随着科技的进步，显示器的尺寸越来越大，网页的宽度也越来越宽，但人眼的视野是有限的，因此设计网站时，要先规划页面的主视觉区域。主视觉区域不会随着显示器的宽度增大而增大，设计师应该将重点展示的图文信息合理排布在主视觉区域内，以确保信息能够快速、有效地被人们看到，而那些非重点信息则应该放在主视觉区域以外。

**Tips**

> 做版式设计要遵循视界规律，例如，在设计刊物前，要规划好版心；在设计网站前，要规划好主视觉区域。

这是一个企业网站的首页，界面高度保持在一定范围内，将重要的图文信息按一定规律排布在主视觉区域内，而非重点内容则排布在界面的边缘进行弱化处理。这样可保证重要信息优先展示，层次分明。

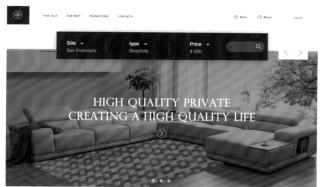

# 2.1.2  视线引导

人眼的生理结构决定了观察物体时只能聚焦到一个焦点上，不能同时聚焦在两个或多个物体上。因此，在进行版面编排时，要先确定元素之间的主次关系。设计版式的目的是将信息有效地传达给受众，因此版式设计应遵循人眼的视觉规律，建立版式设计与视觉规律之间的联系。设计师可以对文字、图形和色彩进行合理安排，并通过视线引导，使受众理解设计理念，使版面结构更清晰、更有条理。

## 1. 按指定方向的顺序移动

在版式设计中，设计师可以通过明确的线条或隐喻的表达主动引导读者的视线，使版面内容结构清晰、逻辑合理，增强读者的可读性。常见的视线移动顺序有 5 种，分别是横向、纵向、斜向、向心和发散。

| 横向 | 纵向 | 斜向 | 向心 | 发散 |

横向视线移动顺序是将版面上的图文信息按照水平方向进行排布，这种排版符合人眼的生理结构和观察事物的习惯。因为人眼水平方向的视野比垂直方向的视野更大，眼球左右移动的速度比上下移动的速度快，所以横向布局更方便人们快速阅读。横向视线移动顺序令人感到平稳、安定且有秩序。

这是一个杂志对页，采用了横向布局。设计师将图片和文字信息进行横向排列，在视觉上使版面看起来开阔、大气，同时不失平衡，整体显得沉稳、安静。

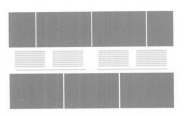

纵向视线移动顺序与横向视线移动顺序相对，视线在版面上移动的方向是垂直向上或垂直向下。在表达信息层级关系时，纵向视线移动顺序表现更清晰，条理性更强。另外，采用纵向布局比横向布局更有创意，如在古代，图书采用纵向排列。纵向视线移动顺序令人感到平稳、坚定、有力量。

这是一个杂志内页。设计师通过增大标题的方法使其更醒目，图文信息主要以纵向进行排布，层级关系和视觉逻辑顺序非常清晰。读者会自然地按照由大到小、由上到下的顺序进行阅读。

斜向视线移动顺序是将图文信息按照版面对角线的方向进行排布。版面倾斜方向一般有两种，分别是从左上角至右下角或从左下角至右上角。斜向布局可以使版面具有动感和不稳定感，也可以使版面的格调更加突出、鲜明，令人感到新奇和紧张。

这是一张赛车活动的宣传海报。主视觉元素是抽象的，并且倾斜 45°排布在版面的对角线上，构成了从左下角至右上角的斜向视线移动顺序，打破了版面的平衡感，突出赛车运动的速度感，为版面增添了几分动感。

向心视线移动顺序是将图文信息按照由外向内的顺序向版面中心聚拢。在视觉上，向心布局的版面更具吸引力，很容易将人们的视线聚焦到版面的中心位置，令人感到亲近、有力。

这是一张美食宣传海报。设计师巧妙地利用盘子的造型轮廓，并结合特殊的构图方式和拍摄手法，在视觉上，形成一种非常强烈的向心力，将人们的视线聚焦到版面的中心位置。

发散视线移动顺序与向心视线移动顺序相对，它是通过排布图文信息的大小和位置，使人们的视线从版面中心向外发散。如果向心布局能够营造出一种聚合内敛的效果，那么发散布局则可以营造出一种向外的强烈的迸发力。通常发散的版面布局令人感到自由洒脱、奔放不羁。

这是一个音乐会的招贴设计，版面的视觉效果一目了然，是非常标准的从中心点向外发散的。设计师将岩石作为视觉重心，从岩石中心迸发出向外发散的线条，令人感到强烈的冲击力，能快速吸引受众的目光，并且诠释出音乐会年轻、张扬的音乐基调。

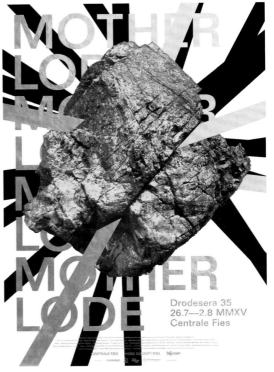

## 2. 按从大到小的顺序移动

在版式设计中，图文信息可以根据人眼的移动习惯进行排列，通过放大或缩小图文信息进行对比，从而构建合理的阅读顺序。

这是一个居家画册内页。设计师通过产品图的大小对比，将版面上的图文信息贯穿起来，引导读者的视线，从视觉体量最大的椅子作为切入点，进而过渡到右上角的吊扇，最后移动到右下角的咖啡机。另外，版面采用大面积留白，使视野更加开阔、整体表现更加大气。

## 3. 按明确指向的顺序移动

　　线条具有延展性和指向性，在设计版面时，可以充分利用这两种属性引导人们的阅读顺序。使用有形的线条引导视线，比通过大小或颜色对比来引导更主动、明显且更有说服力。

　　这是一张演讲会的海报。版面的文字信息由线条进行引导，表现更直观、明确，内容也更具有说明性。

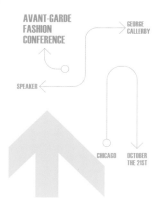

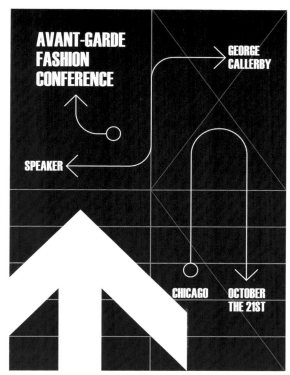

## 4. 按数字/字母的顺序移动

　　数字、字母本身具有明确的大小关系和前后顺序，因此，在设计一些需要强调阅读顺序的版面时，可以直接用数字或字母标注阅读顺序。数字和字母不仅可以标明阅读顺序，还能帮助读者快速检索和定位信息。

　　在这个杂志对页版面中，设计师放大数字序号作为引导提示，使读者有针对性地按照序号顺序进行阅读。这不仅使版面看起来更丰富、跳跃，还强调了版面中各个信息区域的秩序感。

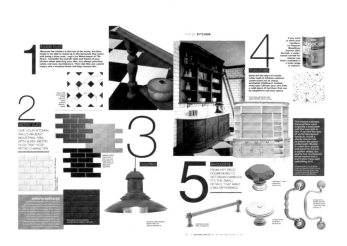

这是一页杂志的内文。设计师采用并置型多栏结构，将文字区块按照从左至右的顺序进行排列。为了强调信息的顺序性，将字母放大，以引导读者的阅读顺序，使版面信息的逻辑更清晰。

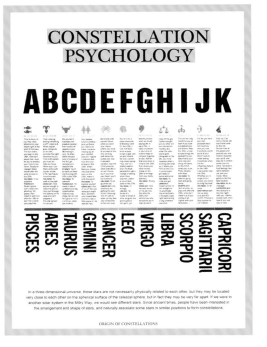

## 5. 按颜色的顺序移动

人眼能够感知不同波段的颜色，因此人眼对不同颜色的敏感度和识别度有高低之分。经过测试分析，不同色相、明度和纯度的颜色都会影响人眼对颜色的识别。人眼更容易被那些对比强烈、色彩鲜亮的颜色吸引，而那些对比较弱的颜色则不易被察觉。在版面设计中，可以运用这个规律引导读者的阅读顺序。

该网站用不同的颜色和区块进行对比，引导读者的视线移动方向。观察该界面时，首先被醒目的红色区域吸引，其次是倾斜的黑色导航条，最后是右侧的文字。设计师使用醒目程度不同的颜色构建了一条合理的视线流，很符合网站人机交互逻辑。

# 2.2 设计元素之间的层级关系

在版式设计中，元素之间一定会有主次之分。将元素进行合理排布，既可以使版面清晰、明确，又可以使信息主次分明，结构井然有序。在版面中，规划设计元素的大小、比例和位置时，需要考虑它们之间的层级关系，从而突出想要表达的重点内容，提高读者对版面信息的理解力。

对版面信息进行分级时，需要控制好级别的数量。层级越多，版面越丰富，设计感越强；层级越少，版面越简约，读者理解起来更方便。但层级不宜过多或过少，过多则容易造成层级关系混乱，过少则容易使版面缺乏条理性。总之，无论层级多与少，都会影响设计的表现效果。在版式设计中，文字和图片是重要的设计元素，调整文字和图片，会直接影响版面的层级关系。本节将重点讲解文字的层级关系在版面中如何体现。

## 2.2.1 通过大小调节层级关系

收到设计文案需要先对其层级关系进行梳理。文案一般分为一级标题、二级标题、三级标题、正文和说明文字等。在表现层级关系时，为了突出文字的重要性，可以使用加大字号或变换字体粗细等方法，并且这两种方法普遍适用。

下面是一篇文章的文字信息，共分为3个层级，分别是一级标题、二级标题和摘要文字。通过对比，大家会发现修改前的文字字号和笔画粗细都相同，并且没有经过任何设计处理，在视觉上无法区分主次关系；而修改后的文字，其标题字号和笔画粗细都有了明显的变化，层级关系变得非常明确。

| 一级标题 | Rolls-Royce Sweptail |
| 二级标题 | 匠心精益求精而臻于至善 |
| 摘要文字 | 劳斯莱斯是汽车王国雍容高贵的标志，无论劳斯莱斯的款式如何老旧，造价多么高昂，至今仍然没有挑战者。正是这种朴实无华的设计理念使劳斯莱斯的产品取得这些骄人的成绩。 |

修改前（文字大小、笔画粗细无变化）

| 一级标题 | Rolls-Royce Sweptail |
| 二级标题 | 匠心精益求精而臻于至善 |
| 摘要文字 | 劳斯莱斯是汽车王国雍容高贵的标志，无论劳斯莱斯的款式如何老旧，造价多么高昂，至今仍然没有挑战者。正是这种朴实无华的设计理念使劳斯莱斯的产品取得这些骄人的成绩。 |

修改后（层级关系明显）

## 2.2.2　通过间距调节层级关系

"格式塔"心理学理论认为人们具有将紧密相连的事物视为一组的心理倾向。在版面设计中，可以将关联性较强的图文信息进行紧密排布，从而形成信息区块；也可以将关联性较弱的图文信息进行稀疏排布，与主要信息间隔较远，在视觉上拉开层次关系。总之，在元素层级关系中，不仅可以通过调节元素的大小来区分主次，还可以通过元素间的疏密关系进行信息分组。

在不改变字体大小和粗细的情况下，可以通过调整行距来体现层级关系。缩小关联性较强的一级标题与二级标题之间的行距，扩大关联性较弱的二级标题和摘要文字之间的行距。在视觉上，这样可以将一级标题与二级标题进行编组，使文字信息更具有层次感。

修改前（行距无变化）　　　　　　　　　　　　　修改后（加大行距，突出层次）

## 2.2.3　通过颜色调节层级关系

不同色相、明度和纯度都会影响人眼对颜色的识别，人眼对不同的颜色有不同的感受，并且更容易被对比强烈、色彩鲜亮的颜色吸引。因此，在版面设计中，可以通过色相和明度的对比，区分设计元素的层级关系。

修改前，版面通过改变字体大小和行距突出文字之间的层级关系；修改后，将二级标题的颜色与一级标题的颜色进行了差异化处理，将原本被视为一组的一二级标题进行了组内区分，从而凸显出重点内容，吸引人们的视线。

修改前（无颜色区分）　　　　　　　　　　　　　修改后（用颜色进行组内区分）

## 2.2.4　设计元素间的层级关系综合运用

下面将前面的案例进行扩展，将其设计成一个完整的版面，并区分层级关系。在版面中，一级标题、二级标题和摘要文字可以视为关联性较强的文字信息，因此，将这3块内容作为整体，与正文拉开间距，并独立安排在版面的头部位置，层级关系如下。

h1>h2>h3

接着将正文部分的层级关系也做了梳理。其中，区块之间的距离为A1，段落小标题与本段正文之间的距离为A2，段落与段落之间的距离为A3，插图与段落之间的距离为A4，段落正文的行距为A5，层级关系如下。

$$A1>A2>A3>A4>A5$$

从整体上看，首先标题部分在版面的最顶部，根据从上至下的阅读习惯，会被人们先看到（标注①）；然后正文左侧的图片尺寸较大，在视觉上更突出、醒目（标注②）；接着是下方的正文部分，图片尺寸较小（标注③）；最后是品牌 Logo 介绍部分，图片尺寸最小（标注④），阅读顺序基本会按照这个序号顺序依次进行。因此，在设计版面时，设计师应进行主动设计，可以调整图文的大小、比例和位置，从而为版面信息建立合理的层级关系。

# Rolls-Royce Sweptail

h3

## 匠心精益求精而臻于至善

h2

劳斯莱斯是汽车王国雍容高贵的标志，无论劳斯莱斯的款式如何老旧，造价多么高昂，至今仍然没有挑战者。正是这种朴实无华的设计理念使劳斯莱斯的产品取得这些骄人的成绩。

h1

A4

### 劳斯莱斯的品牌介绍

劳斯莱斯是汽车王国雍容高贵的标志，无论劳斯莱斯的款式如何老旧，造价多么高昂，至今仍然没有挑战者。正是这种朴实无华的设计理念使劳斯莱斯的产品取得这些骄人的成绩。

A2

A5

最初的劳斯莱斯与其竞争对手相比具有两大特点：制造工艺简单、行驶时噪声极低，这两大优势很快就成为劳斯莱斯的经典。现在，劳斯莱斯汽车的年产量只有几千辆，品牌的成功得益于它一直秉持了英国传统的造车艺术，精练、恒久、巨细无遗。

A3

### 劳斯莱斯的品牌特色

最初的劳斯莱斯与其竞争对手相比具有两大特点：制造工艺简单、行驶时噪声极低，这两大优势很快就成为劳斯莱斯的经典。第一辆真正的传奇之作"银魂（Silver Ghost）"诞生于1906年，它首次露面于巴黎汽车博览会，其金色钟顶形散热器非常引人注目，直到今天这一造型依然是劳斯莱斯不可替代的设计元素。诞生于1907年，它首次露面于巴黎汽车博览会，其金色钟顶形散热器非常引人注目，直到今天这一造型依然是劳斯莱斯不可替代的设计元素。除了独特的外观，Silver Ghost还拥有领先于时代的技术：强制润滑，7升六缸发动机输出功率可达48马力，最高速达110km/h，这在当时绝对是一项世界纪录。

A1

劳斯莱斯的标志图案采用两个"R"重叠在一起，象征着你中有我，我中有你，体现了两人融洽及和谐的关系。而著名的飞天女神标志则是源于一个浪漫的爱情故事。劳斯莱斯的昵称有"Rolls""Roller"和"Double R"，但在劳斯莱斯股有限的公司总部所在地——英国德比，公司通常称为"Royce's"。俗谚"The Rolls-Royce of …"常用来形容某件事或物是最好的。

# 2.3 设计元素之间的对齐与统一

在版式设计中，元素之间的对齐与统一是非常重要的概念。在版面中，每个设计元素都不是孤立存在的，元素之间都会存在一定的依附关系。合理的对齐可以使版面更有秩序，给人一种安全感，而无序混乱的版面则会令人不适，产生紧张感。总之，对齐的根本目的是使页面元素保持高度统一，对齐与统一是相辅相成的关系。

下图修改前的版面排布着大量的设计元素，给人的第一视觉印象是元素分布较为分散，元素之间的相互关系不明确。而为每个设计元素创建好对齐关系后，整个版面就变得条理清晰，有据可依。在实际工作中，大家常会遇到这类相对复杂的版面设计，但无论版面多么复杂，都应该遵循美学原理，为它们建立内在的对应关系。

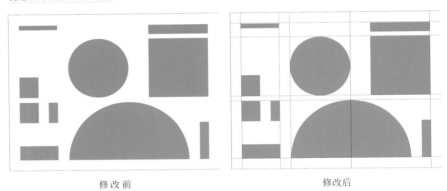

修改前　　　　　　　　　　　　　　　　修改后

## 2.3.1 在平面设计中的对齐与统一

平面设计种类繁多，设计尺寸也不相同，因此，在平面设计时，要格外注意元素之间的对齐与统一关系。如果设计元素在版面中彼此孤立，没有内在的关联，那么版面会显得毫无章法。为版面中的视觉元素建立位置关系，可以使版面条理清晰，有秩序感。

这是一个名片设计的版面。修改前，版面存在非常严重的视觉效果混乱问题，文字部分包含了左对齐和居中对齐两种方式，边缘看起来参差不齐。修改后，将文字部分统一进行左对齐处理，并且与左侧的图形建立对齐关系，使版面看上去更加规整、有秩序。

修改前

修改后

## 2.3.2  在网页设计中的对齐与统一

在网页设计中，元素之间的对齐关系显得非常重要。网页设计受浏览器宽度等因素制约，每一个像素都很珍贵。因此，在设计时，既要保证元素有足够的清晰度，又要在元素之间建立对应关系，这样方便前端开发工程师将设计好的静态效果图编写成可交互的网页格式。

在这张网页效果图中，用心观察可以发现，顶部导航栏和主视觉区域共有 10 个未对齐处。这些地方基本都是元素没有对准参考线所导致的。元素之间也没有建立彼此间的位置关系，视觉效果显得参差不齐。经过修改后，这些设计元素建立了依附关系，彼此之间不再孤立存在，使版面看起来井然有序。

元素对齐前（网页中共存在10个未对齐处）

元素对齐后（界面效果井然有序）

### 2.3.3 在标志设计中的对齐与统一

　　将元素对齐可以使用软件中的对齐工具；也可以使用参考线进行对齐，但这种对齐方式不严谨。在视觉上，设计元素的重量感分布不均匀时，完全借助设计软件会产生视觉偏差，这时就需要用人眼对元素的视觉中心进行微调，而这种特殊的对齐方式叫作视觉对齐。

　　下图中的标志属于图文结合类型，标志上半部分的图形占据了主要视觉区域，而下半部分的文字作为辅助信息。使用软件中的对齐命令将图形和文字进行对齐，视觉效果显得不舒服，这是因为标志右上角的"BETA"参与了对齐，而"BETA"的视觉比例太小，不能平衡整个标志的重量感。大家用肉眼进行观察，手动调节后，标志的上下部分则变得自然、协调了。

软件对齐效果

视觉对齐效果

# 第 3 章

# 版式设计的
# 基 本 类 型

# 3.1 从构图上划分

设计源于艺术，版式设计与艺术之间既紧密联系，又相互独立。在版面中，设计师的职责是将设计元素进行合理的布局，并遵循美学原理将个性化的感性思维表现出来。不同的设计主题，其表现手法和艺术风格都有一定的规律，从构图上可将版式设计分为11类，分别是骨骼型、分割型、倾斜型、对称型、重心型、边角型、三角型、并置型、曲线型、满版型和自由型。

## 3.1.1 骨骼型

骨骼型版式主要运用线条将版面划分为不同的区域，使图形与文字的编排更加合理、规范。骨骼型版式的视觉效果是"统一当中有变化，变化当中求统一"，并且使表现形式更加符合逻辑，令人感到严谨、和谐与理性。注意，骨骼型版式虽然可以使版面更加合理、规范，但如果设计不当也会使版面呈现呆板、沉闷的效果。

这是一个标准的骨骼型版面。设计师先用不同长短和粗细的线条将版面划分成不同的区块，然后将图片和文字严格按照骨骼比例排布到对应的区块内，这使版面看上去更有条理，并且主次分明。骨骼型版式常用于杂志和报纸等刊物。

设计信息量较大的版面时，骨骼型版面是非常好的选择。运用线条和色块可以将版面划分成双栏、三栏和多栏等结构，甚至在栏内还可以进行横纵细分。图片和文字随着区块的大小进行编排，具有严谨、和谐、理性的形式美。

这张杂志内页要传达的信息量较大，并且彼此的关联性较弱，因此，可以使用粗细不同的实线将版面划分成多个信息区域，建立版面的骨骼结构，使版面看起来条理清晰、井然有序。将"统一当中有变化，变化当中求统一"的设计思想落实到版面设计中，可使读者的阅读意图更加明确。

# 3.1.2 分割型

在版式设计中，分割型是一种很常见的表现手法。分割型的版式主要分为左右分割和上下分割两种，通常运用图片或色块将版面进行划分。分割型版式令人感到平衡、稳重，在视觉上具有强烈的反差效果，常用来表达一些具有强烈对比关系的主题。

这张海报采用了左右分割型方式，将版面一分为二，使用黑色和白色进行区分、对比，形成鲜明的反差效果。分割型版式不仅使版面具有趣味性和对立感，还充分表现电影对立、幽默和诙谐的内容。

这张电影海报采用分割型表现手法将版面上下一分为二，通过黑白两种极端对立的颜色将电影情节中的矛盾和冲突展现出来。

# 3.1.3　倾斜型

　　倾斜型版式主要是将图文信息呈倾斜状排布，在视觉上营造一种不稳定的动感和紧张感。倾斜型版式以打破版面的平衡为主，使版面结构具有张力和活力，可起到引人注目的目的。倾斜型版式多用于运动或象征速度的版面中。

　　这是一个杂志封底设计，采用满底图来渲染氛围，背景通过倾斜的明暗对比打破了版面的平衡感。另外，图中摇摇欲坠的玻璃杯在视觉上给人强烈的紧张感，仿佛为了避免掉落到地上，需要用手接住。这张作品可谓是倾斜型版式中的经典。

　　这是一张赛车运动的海报。版面构图主要以倾斜型为主，倾斜线条的色彩对比鲜明，文字粗壮有力，二者结合将版面斜向划分，突出了赛车运动的动感和速度感。

# 3.1.4　对称型

　　对称型版式主要分为绝对对称和相对对称，还可以分为左右对称和上下对称。绝对对称是指中轴线两侧的设计元素完全相同，相对对称是指中轴线两侧的设计元素大致相同。一般对称型版式以相对对称为主，因为绝对对称限制了版面效果，容易使版面显得呆板，令人感到平衡、稳定。

　　这是电影《泰坦尼克号》的宣传海报，版面采用对称型设计。设计师将男女主人公和船头元素进行合成，使版面保持了视觉平衡。男女主人公相拥的动作和翘起的船头形成了视觉上的动静冲突，彰显了"动中有静，静中有动"的哲学。

　　这是一张化妆品宣传海报。版面首先通过大面积留白来渲染产品的高级感，其次通过居中的产品造型和居中排布的文字使版面呈现出左右相对对称的视觉效果。版面整体看上去非常具有稳定感，并且显得清新、自然。

# 3.1.5 重心型

在版面中，重心型版式通过巧妙排布图文设计元素，形成视觉焦点，并且在视觉上存在一定的分量感。这种版式通常位于版面重心位置的图文信息就是需要重点突出和表达的内容，一般将设计元素进行大小和疏密对比，强调视觉重心，使读者的视线停留在版面的重心位置。在版式设计中，设计师要善于利用重心型的表现手法来吸引人们的视线。

这是一个品牌设计作品。大面积留白将品牌 Logo 进行突出展示，在视觉上吸引人们的视线，并形成版面的视觉重心，加深了读者对品牌的印象和记忆。

在这张食材宣传海报中，版面重心由瓶子喷洒出的香料聚合而成。背景留白使香料构成的图形占据了版面的主视觉区域，起到了聚焦视线的作用。这种简洁的版面风格更具冲击力和说服力。

# 3.1.6 边角型

边角型版式具有 4 个角点，如果角点位置排布图片，那么中心区域应该排布文字；如果角点位置排布文字，那么中心区域应该排布图片。角点信息分散、独立，根据人们的阅读习惯，边角型版面的阅读顺序应呈顺时针方向，在视觉上与重心型版式相辅相成。

这是一个边角型版面设计，可以看到 4 张素材图依次分布在版面的 4 个角点位置，而其他区域进行了大面积留白处理。设计师通过缩放图片的尺寸形成视觉对比效果，为读者提供了由大到小的阅读顺序，这样不仅使 4 个角点的素材更加独立，还有效地突出了中间的文字内容。

在这个家具杂志版面中，设计师同样采用了边角型布局。将需要表达的产品图片分布在版面的 4 个角点位置，并且拉开它们之间的距离，在视觉上保持独立。将文字信息安排在版面的中心位置，图文之间互不干扰。

# 3.1.7　三角型

三角型版式将图文等信息呈三角形结构进行编排。在几何形状中，正三角形最具有稳定性，倒三角形令人感到锐利、不稳定，而斜三角形则兼具稳定性和动感。总之，设计师在运用三角型版式时，一定要注意不同三角形的视觉感受，使用符合版面风格定位的三角形。

这是一个健身馆的 DM 单设计，版面采用了三角型构图方式，表达了运动的动感。设计师运用深浅不一的色块将版面划分成不同的信息区域，然后将人物元素安排在三角形的 3 个角点位置，强化了版面的视觉动势。

这是一个建筑协会主题海报，主要通过三角形元素打破版面的平衡，在视觉上营造出一种奇幻的不稳定感，为版面增添几分艺术美。同时，三角形元素将版面划分成不同的区域，并通过文字和色块平衡版面。

# 3.1.8　并置型

在版面中，并置型版式将图文元素按照相同的大小、比例进行重复排列。并置的设计元素通常具有对比和过渡效果，令人感到有秩序、稳定，且富有节奏感。在运用并置型构图时，设计师要注意并置的元素应该富有变化，不要机械性地重复并置，否则会使版面僵硬、呆板。

这是一个标准的纵向并置型版面。宽度相同的图片将版面竖向分割成四等份，每一份并无主次之分。版面的节奏变化则通过图片的颜色和取景进行调和，使版面看上去平和、稳定，具有秩序感。

这是一张女性用品的宣传海报。版面上半部分采用了并置型构图，并将不同女性对应的产品逐一介绍。并置型版面能够将并列信息很好地向外传递，并且在视觉上没有主次之分。

# 3.1.9　曲线型

　　在版面中，曲线型版式将图文元素按照曲线或弧线进行有规律的排版，从而形成富有韵律感的视觉效果。曲线型结构能使版面看起来更加流畅、轻快，并具有流动性，能表达出女性身姿婀娜和性格柔媚，因此曲线型多用于女性产品设计。

　　这是一张美瞳清洁剂的产品宣传海报。一条优雅的曲线将版面上下一分为二，打破了版面原本平衡和稳定的视觉效果，为版面增添了几分韵律感，使版面看起来更加生动。

　　这是一张女性化妆品的宣传海报，其中运用动感曲线将版面分割为上下两部分。版面的上半部分主要展示人物形象和品牌信息，下半部分主要展示产品。这种曲线型构图不仅使版面显得更加活跃，还充分展示了女性婀娜多姿的造型。

# 3.1.10　满版型

　　整个版面充满图像，四周没有留白，并且不受版心约束，这类版式就是满版型版式。设计师需要根据构图原理和美学法则对图片进行裁切，保留能够突出设计主题的部分，并作为向外界传递的主要信息。满版型版式可以使版面看起来更饱满，并且富有张力，令人感到开阔、大方。满版型版式强调设计的个性化展示，常用于传达舒适性和感性的设计作品中。

　　这是一张满版型的海报，用一张图片素材填满整个版面，四周不留余白，使版面看上去非常开阔、大气，并且没有束缚感。这张满版型海报仿佛将读者带入图片的景色中，具有强烈的代入感，能够达到引人入胜的目的。

　　在这张以食品为主的宣传海报中，设计师将拍摄好的图片作为背景填满整个版面，在视觉上能够减少约束感，可有效地拉近食品与读者之间的距离，为食品增添了几分亲近感，并将食材进行了充分表达。

# 3.1.11  自由型

　　在版面中，自由型版式是将图文等设计元素进行随机排布。在视觉上，应该注意元素之间的大小、比例和位置关系，以形成轻松、随意的个性化效果。在所有版式设计类型中，自由型版式是相对较难的一种表现方式，非常考验设计师对设计元素的把控能力。这些设计元素表面上看似毫无规律可言，但内在经过了设计师的精心布局，稍有不慎则会使版面看起来非常不自然。优秀的自由型版式一定是在变化当中求统一，在统一当中存变化。

　　在这个版面中，模特作为主视觉元素位于版面的重心位置，四周留白且穿插了大量的文字信息。这些文字信息通过字体、字号、粗细、角度和颜色等变化绕排在模特周围。这种见缝插针似的自由排版为版面增添了几分亲和力，使版面具有年轻时尚的活力。

　　这个以食品展示为主的版面采用了自由型版面布局。将大小不一的食品按照喷洒效果随机进行摆放，这既要保证设计元素的随机性，还要保持一定的统一关系，做到杂而不乱。整个版面显得非常生动、活泼，并具有趣味感。

# 3.2 从情感上划分

很多人认为构成版面的设计元素就像调色盘中的颜色，用不同的大小、比例和位置的元素衍生出千变万化的版面效果，并且毫无规律可言。其实不然，版式设计是有章可循的，它包含了理性和感性。大家应该了解并学习版式设计的内在规律和设计法则，为实际工作打下良好的基础。版面风格从情感上可分为 3 类，分别是实用理性型、温馨活泼型和浪漫感性型。

## 3.2.1 实用理性型

实用理性型版式首先侧重的是版面的实用性，其次才是版面的美感。这类设计的表现手法在保证实用性的前提下兼顾设计美感，主要是将产品有序矩阵式排列，同时使用颜色对比增强视觉冲击力。实用理性型版面的典型案例是商场和超市的 DM 单设计。商场和超市每天有很多新品上架，DM 单的主要目的是向大众展示更多的商品信息。但这类设计时效性较强，设计美感稍显不足，大众不会从欣赏的角度看这类设计，因此在设计表达上很难有所突破。

在这张 DM 单中，版面以产品的图文信息为主。整个版面采用大版面率，产品呈矩阵式布局，看上去非常丰富，令人产生强烈的消费冲动，但其美感不足，设计感不强。

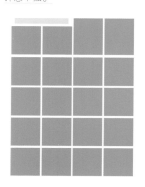

随着现代科技的进步，人们的生活习惯发生了改变。之前，人们购物需要上街或逛商场才能选到心仪的商品；而现在，人们足不出户就可以通过互联网选到需要的商品。随着购物方式的改变，大量的电商网站和购物 App 走入人们的生活。电商类网站信息界面大多以矩阵式布局为主，重在向用户传达商品信息，这与传统的线下商超 DM 单设计极为相似。总之，实用理性型的版面不仅适用于平面刊物设计，还适用于网站和移动端界面设计。

这是一个购物网站的商品展示界面。版面被划分为左右结构，左侧的导航栏可以筛选商品和跳转界面，右侧的主视觉区域主要展示商品信息，向用户介绍商品的卖点和属性，从而提高界面的转化率和购买率。

如果版面中有大量的文字展示，如工具类、检索类和产品说明类的印刷刊物或网站，那么该版面同样适合采用实用理性型的版式风格。下图的版面率和文字信息量非常大，但产品图片很少，这种页面可采用实用理性型风格。

实用理性型版式在字体的编排设计中同样适用。在这个以文字进行构图编排的版面中，文字的体量感十足。白色文字按照由大到小的顺序从上至下进行排列，使版面看起来非常紧凑、粗犷和实用。这里通过明确的文字对外宣扬一种理念。

# 3.2.2 温馨活泼型

　　温馨活泼型是一种常见的版面风格，其视觉效果处在实用理性型和浪漫感性型之间。这类设计风格兼顾了理性和感性的表达，能够迎合各个年龄段人群的审美，可谓老少皆宜。同时，这也是设计师接触较多的一种版面风格。这种类型的版面有适量的标题和文字说明，一般还会穿插少量的图片素材。设计师需要根据形式美法则，对版面内的设计元素进行排布，令人感到温馨、舒适。与实用理性型版面相比，温馨活泼型版面则多了几分设计感。

　　这是一张女性护肤品的宣传海报，完美诠释了温馨活泼型的版式风格。版面采用满版型构图，通过天空背景、模特、羽毛和建筑等设计元素，配以适量的说明文字，烘托出温馨、活泼、轻盈、自然的视觉效果，使用户对产品的功效产生好感和信赖感，激发用户的购买欲望。

　　这是一张旅游行业的杂志内页。首先，整个版面的图版率约为50%，图片所传达的信息具有动感和活泼的特征；其次，版面中的文字数量相对适中，与图片形成上下呼应的版面效果。因此，整个版面设计非常符合温馨活泼型的设计风格。

　　这是一个网站界面。通过观察，大家可以发现图文比例约为7∶3，符合温馨活泼型的版面风格。界面主要运用了鲜明的对比色，象征纯洁的白色花朵使版面看起来充满活力，文字信息运用得恰到好处，并且与整体的界面效果相呼应。

# 3.2.3　浪漫感性型

　　浪漫感性型版面风格侧重表达事物的理念和情感，其设计风格更倾向于纯粹的艺术。在浪漫感性型版面中，不会有太多的点缀和文字说明，其构图虽然简单，但具有较强的冲击力，并且通过大面积留白给读者无限的联想空间。这类风格的设计作品大多面向情感经验丰富的人群，能够激发人们的深度思考。与温馨活泼型的版面相比，浪漫感性型的版面较少，并且多用于公益海报和情感类海报等。

　　这是一张珠宝宣传海报，版面给人的第一印象是干净、清爽、没有瑕疵。版面中除了品牌名称，没有过多的文字说明，简洁有力地表达出产品的质感和形态的艺术美。

　　这是一张红酒宣传海报，通过大面积留白突出品牌首字母C，并将字母C进行创意设计并增强质感。整体虽然没有过多的文字对设计理念进行说明，但客户看到海报后能解读出红酒的文化理念和浪漫精神。

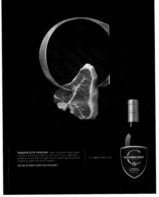

　　这是一个网站界面，采用了浪漫感性型版面风格。设计师通过大面积留白定下设计的基调，没有过多的装饰，版面结合婀娜多姿的人物造型和柔美秀丽的衬线字体，很好地表现出了浪漫感性的设计理念。

**Tips**

　　通过观察上面的图例可以发现，浪漫感性型版面风格通常具有大面积留白和较少的图文信息。

# 第 4 章

# 文字的选择和运用

# 4.1 字体的基本样式分类

　　字体是指文字的相貌和外在表现形式。不同的字体在笔画粗细和细节表达上都有所
不同，在版面中所起的作用也存在差异。字体的种类多种多样，大致可以分为衬线字体
（Serif）和无衬线字体（Sans-serif）。在版式设计中，选用字体时需要考虑字体本身
的气质是否符合版面风格。

## 4.1.1 衬线字体

　　衬线也被称作字脚，衬线字体的笔画在开始和结尾处都有额外的装饰，并且笔画横
竖粗细不一致。衬线字体应用非常广泛，例如，传统的平面印刷刊物和现代的网页设计，
其丰富的装饰性和美感备受设计师的青睐。

### 1. 常见的衬线字体

- **宋体**

　　宋体起源于宋朝，盛行于明朝，因此宋体也被称作明朝体。因为当时的雕版受木料
纹理的限制，雕刻时横笔容易而竖笔较难，所以宋体横笔笔画纤细，竖笔笔画粗壮。另外，
在字模拼版时，笔画的两端容易被磨损，因此人们为点、撇、捺和钩等笔画加了额外的字脚，
让易受损的地方更结实、耐用。宋体常用于书刊和网页。

- **Times New Roman**

　　Times New Roman 是一款经典的衬线字体，因为其中规中矩的字体风格，所以长期以来一直被作为标准字体使用。Times New Roman 首次被英国的《泰晤士报》采用，并博得了大众的青睐。迄今为止，该字体仍广泛应用于图书、杂志、报告、公文、广告和网页中。

- **Caslon**

　　Caslon 字体出现的时间较早，且极具巴洛克风格，富有浓重的复古气息，至今仍受众多设计师青睐。

## 2. 衬线字体的优点

　　衬线字体的笔画极具美感，易读性较高。在设计传统刊物时，衬线字体能够使页面看起来更加高雅，并极具韵味。在大篇幅的灌文排版中，衬线字体增加了阅读时对文字的视觉参照。另外，衬线字体也经常被用于凸显标题。

　　在这个画册的单页版面设计中，重点文字全部采用衬线字体，并且通过字体的位置和方向的变化使版面具有设计感。小字部分采用非衬线字体，这是因为在视觉上，字号较小的文字采用非衬线字体会显得更加规整、清晰。

### 3. 衬线字体的缺点

段落文字字号较小时，使用衬线字体排版，印刷效果并不理想。因为衬线字体的笔画末端装饰过多，笔画粗细不同，会显得杂乱不整洁，且细笔画容易出现漏印的情况。

这篇正文排版通篇采用衬线字体，仔细观察可以发现，文字笔画较细的部分出现了断开或模糊不清的问题。因为衬线字体的笔画本身存在粗细变化，所以在小字号文字排版时，容易出现笔画漏印和模糊不清的问题。

错误字体

## 4.1.2 无衬线字体

与衬线字体相比，无衬线字体是一种简洁、有力的字体。无衬线字体的所有笔画粗细一致，并且笔画首尾没有多余的装饰，因此，相同的字号无衬线字体比衬线字体更大、更易辨识。网页和移动设备界面更偏好使用无衬线字体，因为它们看上去更加整洁，有现代感。

### 1. 常见的无衬线字体

- **黑体**

在字体中，无衬线字体以黑体为代表。黑体产生于近代，字形方正，笔画横平竖直、粗细一致。黑体具有简约、干练的特点，给人直观的视觉感受，一般用于标题、导语和广告等。

- **Helvetica**

　　Helvetica 是一款有着悠久历史，并被广泛使用的无衬线字体。它具有严谨的结构和中性的风格，备受大众和高端品牌的青睐。Helvetica 是苹果系统的默认字体，FENDI（芬迪）和 Jeep 等大品牌也在使用这款字体。另外，Helvetica 字体在美国华盛顿、波士顿的地铁站和大众交通导视系统中也被使用。

- **Arial**

　　Arial 是微软系统自带的一款无衬线字体。它横平竖直、粗细均等，非常具有现代感，并能提高屏幕的可读性，常用于网页界面设计中。Arial 和 Helvetica 极为相似，只有部分字母略有差异。

## 2. 无衬线字体的优点

　　无衬线字体没有衬线装饰，只保留了字体的主干部分，笔画粗细均等，造型简洁有力，并极具现代感。无衬线字体不仅适用于小字号的段落文字排版，还适用于识别性和记忆性较高的宣传作品。

　　在这个以纯文字排版的画册版面中，文字全部采用简洁粗壮的无衬线字体，并调整文字的大小、位置和方向，使整个版面显得非常理性，增强了视觉冲击力。

### 3. 无衬线字体的缺点

在文字排版中，由于无衬线字体的笔画粗细一致，因此要避免通篇采用一种字体，否则会导致版面的视觉效果过于呆板，并且没有个性可言。总之，文字排版应适当选择几种字体，或者将一部分文字进行创意变体，以使整个版面看起来有对比和变化。

在这个画册版面中，一共采用了 4 种字体。每种字体都传达了不同的意义，使版面的设计感更强。主要突出的文字采用个性极强的涂鸦字体，与版面所要表达的设计理念相吻合。

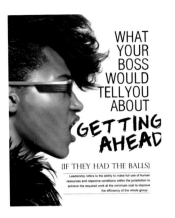

# 4.2 字体的风格分类

每种字体都有其独特的风格，不同的字体传递着不同的视觉形象。选择合适的字体会拉近设计师与读者的距离，并激起人们心灵上的共鸣。在设计时，要注意字体风格是否符合版面的整体定位。另外，还应该综合考虑字体的音、形、义，使其与作品的整体风格保持高度统一。

以下介绍几种比较具有代表性的字体类型。

## 4.2.1 柔美秀气型

**代表字体：**宋体、细圆和细黑字体等。

**字体标签：**柔美、秀气、优雅、苗条和纤细。

这类字体造型柔美、秀气，线条舒缓、流畅，给人一种阴柔雅致、华美秀丽的视觉享受，适用于女性用品、高端品牌、节日招贴和服务行业的主题设计。

## 4.2.2　阳刚硬朗型

**代表字体：**粗黑体、菱心体和综艺体等。

**字体标签：**阳刚、硬朗、粗犷、力量和沉稳。

这类字体笔画规整、简洁、有力，在视觉上能够令人感到强劲有力的重量感，在情感上能够给人一种阳刚之美。同时，这类字体兼顾了现代感和冲击力，与柔美秀气型的字体风格产生鲜明对比。这类字体适用于男士用品、户外运动用品、金属制品和电子机械产品的主题设计。

## 4.2.3　苍劲古朴型

**代表字体：**手写体、毛笔字和繁体字等。

**字体标签：**复古、怀旧、传统、文化和中国风。

这类字体显得朴素，极具古典风韵，给人一种怀旧、沉稳的厚重感，适用于传统文化产品、民间艺术品和老字号品牌的主题设计。

### 4.2.4　活泼有趣型

　　**代表字体：**准圆、卡通简体、娃娃体和趣宋体等。
　　**字体标签：**可爱、有趣、憨厚和卡通。

　　这类字体给人一种轻松、活泼的感受。活泼有趣的字体配上亮丽的颜色，可以使人联想到天真无邪和积极向上。这类字体适用于孕婴用品、儿童用品、休闲用品和时尚产品的主题设计。

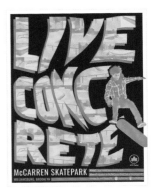

# 4.3　文字在排版中的法则

　　在日常生活中，各行各业都遵循着各种规则，确保生活有规律，工作井然有序。在文字排版设计中也存在一些规则。如果设计之前不了解这些规则，那么很容易出现问题，轻则被同行笑话，重则设计的刊物或作品被下架。

## 4.3.1　避头尾法则

　　在文字排版中，一般句号、问号、叹号、逗号、顿号、分号和冒号等不能出现在行首，引号、括号、书名号等成对使用的标点符号的前半部分不能出现在行末，且后半部分不能出现在行首。很多专业的排版设计软件在文字面板中会将"避头尾法则设置"设置为"JIS严格"，如 Photoshop、Illustrator、Indesign 和"方正飞腾"等。

在进行文字排版时，如果不注意标点符号的避头尾规则就会出现右侧图片中修改前的错误。段落第3行行首出现了逗号，这在图文排版中是不允许的。修改时需要选中全文，然后在面板上将"避头尾法则设置"设置为"JIS严格"，软件会自动微调字间距，避免标点符号出现在行首。

我国最早的古书是没有标点的。进入20世纪，现代白话文的使用日渐广泛，人们迫切需要有比较完备的新的标点符号。一些学人开始向国内介绍欧美最通行的一些标点符号，并根据古代的句读符号，参考西洋方法研究制定出了适合中国文字需要的我国最早的新式标点符号。

修改前

我国最早的古书是没有标点的。进入20世纪，现代白话文的使用日渐广泛，人们迫切需要有比较完备的新的标点符号。一些学人开始向国内介绍欧美最通行的一些标点符号，并根据古代的句读符号，参考西洋方法研究制定出了适合中国文字需要的我国最早的新式标点符号。

修改后

# 4.3.2　单字不成行法则

在文字排版中，经常会遇到一个字和一个标点符号单独成一行的现象，这种情况可以采用调整段落宽度或字间距等方法进行解决。因为一个字或一个标点符号显得孤单不协调，不足以撑起一行的视觉空间，所以在文字排版中有单字不成行法则。

在修改前的这段文字排版中，最后一行出现了一个字和一个标点符号。微调本段文字的字间距，将部分文字间距进行挤压，避免单字成行的情况发生。经过修改，文字段落看起来更加规整、协调。

与硬广告相比，软文之所以叫做软文，精妙之处就在于一个"软"字，好似绵里藏针，收而不露，克敌于无形。软文追求的是一种春风化雨、润物无声的传播效果，它将宣传内容和文章内容完美结合在一起，让用户在阅读文章时※能够了解策划人所要宣传的东西。一篇好的软文是双向的，既让客户得到了他想※要的内容，又了解了宣传的内容。

修改前

与硬广告相比，软文之所以叫做软文，精妙之处就在于一个"软"字，好似绵里藏针，收而不露，克敌于无形。软文追求的是一种春风化雨、润物无声的传播效果，它将宣传内容和文章内容完美结合在一起，让用户在阅读文章时※能够了解策划人所要宣传的东西。一篇好的软文是双向的，既让客户得到了他想※要的内容，又了解了宣传的内容。

修改后

# 4.3.3　标题不落底法则

标题是一段文字的总结，段落文字应围绕着标题进行说明和阐述，因此标题不能与该段文字分开，不能排在一页或一栏的最后。当标题出现落底情况时，需要调整文字的行距，将分离的标题强制挤压到下一页或下一栏中，以确保标题和本段文字是一个整体。

修改前，杂志版面中的标题单独落在第1栏的最下方位置，与对应的段落文字分离，这不符合标题不落底法则，给读者造成了阅读上的困难。在修改后的杂志版面中，设计师加大前面两段文字的行距，将标题挤压到第2栏的段首位置，确保了标题和对应的段落文字整体呈现。

修改前

修改后

# 4.4 文字大小的运用

字号是表示字体大小的标号。根据文字在版面中的不同作用，可以选择大小不同的字号加以区分和说明。大小不同的文字直接影响着信息的层级关系，设计师应选择合理的字号用于信息划分和情感表达。目前，常见的文字字号有 3 种表达方式，分别是号数制、点数制和像素制。在印刷行业中，文字字号主要以号数制和点数制为主；在网页设计中，文字字号主要以像素制为主。

## · 号数制

号数制将文字定为 9 个等级，分别是初号、一号、二号、三号、四号、五号、六号、七号和八号，并按照由大到小的顺序排列。目前前 7 个字号等级又做了细分，如小初、小一、小二、小三、小四、小五和小六。

号数制的优点是简单易懂，在文字排版时，只需要根据层级关系指定不同的字号即可。号数制的缺点是特大字号无法使用号数制进行表达，并且号数不能直观地体现出文字实际尺寸，且换算起来也不方便。

## · 点数制

目前在国际上，点数制是通行的印刷字体的计量方法。"点"是计量字体大小的基本单位，从英文"Point"翻译而来，一般用小写字母"p"表示，又称"磅"。在常用设计软件 Photoshop 和 Illustrator 中都采用点数制。

> **Tips**
>
> 1p ≈ 0.35mm，1inch ≈ 72p，1inch ≈ 25.4mm。

## · 像素制

像素是指构成图像的最小单位。随着计算机的普及和发展，信息传达已经不再局限于传统的纸媒。在日常生活中，网页设计和移动端界面设计已经扮演着重要角色，并与工作和生活息息相关、紧密相连。在网页设计中，字号的设置采用的是像素制。

号数、磅值、像素和实际尺寸（长度）对照表

| 字号 | 磅值（p） | 像素（px） | 长度（mm） |
| --- | --- | --- | --- |
| 初号 | 42 | 56 | 14.82 |
| 小初 | 36 | 48 | 12.70 |
| 一号 | 26 | 34.7 | 9.17 |
| 小一 | 24 | 32 | 8.47 |
| 二号 | 22 | 29.3 | 7.76 |
| 小二 | 18 | 24 | 6.35 |
| 三号 | 16 | 21.3 | 5.64 |
| 小三 | 15 | 20 | 5.29 |
| 四号 | 14 | 18.7 | 4.94 |
| 小四 | 12 | 16 | 4.23 |
| 五号 | 10.5 | 14 | 3.70 |
| 小五 | 9 | 12 | 3.18 |
| 六号 | 7.5 | 10 | 2.56 |
| 小六 | 6.5 | 8.7 | 2.29 |
| 七号 | 5.5 | 7.3 | 1.94 |
| 八号 | 5 | 6.65 | 1.76 |

## 4.4.1  印刷出版物常见字号

以书籍、杂志为例，一般标题字号设置为 14 磅以上，正文字号设置为 8~10 磅，附注说明等文字字号设置为 4~6 磅。当然，以上字号大小的设置都不是绝对的，设计师要根据实际开本、文字数量和版式风格进行综合考虑，灵活设置字号的大小。这里需要特别强调一点，在印刷刊物中最小的字号不能小于 4 磅。

> **Tips**
>
> 在编排版面时，文字应该根据层级关系选用相应的字号和字体样式。通常一级标题字号是版面中最大的，二级标题、三级标题和正文等内容依次由大到小，形成递减关系。

## 4.4.2  网页设计常见字号

因受显示器和浏览器等因素限制，网页设计常用的字号一般是 12~28px 范围内的偶数值。为满足阅读需求，正文字号通常设置为 12px，不建议使用小于 12px 的字号，因为识别性较差。段落标题字号一般设置为 14~16px，大标题字号可以设置为 20~28px，不建议使用大于 28px 的字号，因为会显得特别突兀。

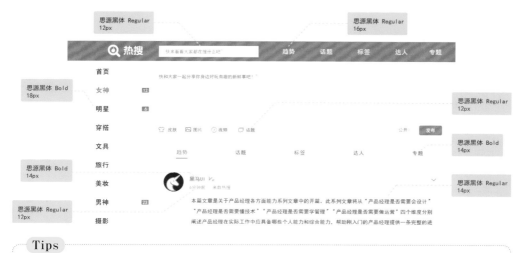

> **Tips**
>
> 在网页设计中，常见的中文字体有宋体、黑体和微软雅黑，常见的英文字体有 Arial 和 Tahoma。

# 4.4.3 移动端界面设计常用字号

因为受应用系统、手机型号、屏幕尺寸和分辨率等因素影响，所以移动端界面设计尺寸碎片化非常严重。这里只介绍基于 @2X 倍率屏幕尺寸下的常用字体及字号。

- **iOS字体**

  iOS 9 中文字体：苹方 / PingFang SC。

  iOS 8 中文字体：黑体 - 简。

  iOS 英文、数字：Helvetia。

- **Android字体**

  4.X 版本中文字体：思源黑体 / Noto Sans Han。

  4.0 以下版本中文字体：Droid Sans Fallback。

  英文、数字：Roboto。

在 @2X 倍率屏幕尺寸下，无论是哪种操作系统，其字号一般设置为 20px~36px 的偶数值。一般导航或主标题的字号设置为 34px 或 36px，正文字号设置为 32px 或 34px，副文字号设置为 24px~28px。这里需要特别强调一点，最小字号不能低于 20px，因为低于 20px 的文字手指很难触达，影响人机交互体验。

---

**Tips**

Android 和 iOS 应用系统的 @2X 倍率屏幕对应的尺寸分别是 Android 720px×1280px、iOS 750px×1334px。

# 4.5 文字在版面中的编排

在版面中，文字编排是版式设计的重要组成部分。文字编排的主要目的是更好、更清楚地向外传递信息，并方便读者阅读。合理的文字编排可以使版面更具形式美，更贴近设计主题。文字排版不仅要保证文字本身具有易识别性，还要具有设计感，并能够与版面风格相呼应。

### · 提高文字的识别度

文字作为思想和信息的载体，它最主要的功能是向外传递信息。文字能够直观、清晰地传递信息至关重要，这就要求文字在排版时要满足易识别的特性。易识别需要字体笔画清晰可见，读者能够认清文字，并且减少读者的阅读成本。

这是一张非常有个性的名片。修改前，版面整体设计看上去可圈可点，但不足之处有两点：第1点，姓名采用了手写体，这种手写体不容易被人快速识别和记忆；第2点，文字被刻意裁切，导致文字笔画部分缺失，影响了信息传递。作为社交性较强的名片设计，只注重形式美而不注重实用性会顾此失彼。修改后，字体更清晰可辨，并且比例大小适中，使版面更平衡、雅致。

修改前　　　　　　修改后

### · 增强文字的设计感

文字作为语言符号，它不仅是信息传递的载体，其本身造型也是一种形式美的表现。设计师可以发挥丰富的想象力，对文字进行解构和重构，使文字的个性更鲜明，并富有感染力。文字的创意设计不仅要表达出文字的形和义，还要兼顾设计感，做到这两点才能更吸引人，并加深人们对版面效果的印象。

这是影评宣传海报修改前后的对比效果。修改前，设计师虽然对字母的大小和颜色进行了变化，但整体效果平淡无奇，创意感不强。修改后，设计师将字母笔画进行了拉伸处理，整个版面非常具有创意感和视觉冲击力。

修改前　　　　　　　修改后

- **文字应与版面风格统一**

每种字体都有着独特的设计风格和不同的情感诉求。文字作为版式设计的重要组成部分，与版面是从属关系。文字体现的风格与版面所传达的设计理念不能有矛盾和冲突，它们应保持高度统一。

修改前，这张运动鞋海报的标题字体不够大气、稳重，并且没有把运动所象征的力量感表达到位。修改后，标题字体显得粗壮有力，使版面更加平衡，并凸显出运动的力量感和活力，与海报的整体定位和风格统一。

修改前        修改后

# 4.5.1 字间距的设置

字间距是指字与字之间的距离。在大多数设计排版软件中，字间距是默认的，不需要做特殊调整。字间距过密或过疏在视觉上都会显得不协调。字间距太小，文字会显得太密集，不易阅读；字间距太大，文字会显得很松散，容易分散人们的视线。

这是一幅关于自然环保的展会物料设计图。方案一的版面文字以聚合为主，突出了版面的视觉重心，从而抓住人们的眼球，但会令人感到保守、拘束。方案二的版面文字进行了分散排版，用较大的字间距刻意分散人们的视线，增强了版面的透气感，使版面更加贴近会议主题。

方案一        方案二

# 4.5.2 行间距的设置

行间距是指行与行之间的距离。行间距的设置比字间距更灵活，较大的行间距能够使文字呈现出线的形态，较小的行间距能够使文字呈现出面的效果。根据不同的版面风格，行间距可以适当增大或缩小。通常标题的行间距可以和标题字号的高度相同，正文的行间距可以是正文字号高度的1.5倍，部分艺术类书籍或文艺范刊物的正文行间距可以是字号高度的2倍。当然，以上行间距的大小并非绝对，要根据实际情况灵活调整，以符合版面的整体风格。

这是书签设计的两个方案。方案一，版面文字采用了左对齐方式，段落文字的行距是正文字号高度的 1.5 倍，视觉上更显紧凑，与上方的标题和插图形成了区块对比；方案二，版面文字采用了居中对齐方式，段落文字的行距是正文字号高度的 2 倍，版面整体看上去更舒缓，与版面所要传达的诗意效果更匹配。

方案一

方案二

# 4.5.3 段间距的设置

段间距是指段落与段落之间的距离。设置段间距的主要目的是使读者能够明确看到段落之间的起始和结束位置，避免多段文字混在一起造成的阅读困惑。一般段间距应该明显大于行间距，这样才能使版面的层次感更强，条理更清晰。

修改前，段落排版明显是错误的，主要原因是段首没有空格提示，并且段间距和行间距相同，这导致两段文字首尾相接，看起来像一段内容。修改后，段首进行空格提示，且段间距大于行间距，段落划分一目了然。

**| 标题决定文章的点击率**

有吸引力的标题可以在信息大爆炸的今天吸引大众的眼球，从而增加文章的曝光量、提高点击率。标题是文章的高度总结，既要富有感染力还要高度概括文章的内容，这并非易事！不建议大家一开始就成为标题党，因为从长远来看会影响品牌在用户眼中的价值。对于不同领域的内容调性也应有所区别。目前像今日头条和网易新闻是在做平台，通过用户访问记录及算法推荐给用户感兴趣的新闻，而其本身并不生产内容。但是非平台产品可以在内容上自生产并做垂直。笔者所在企业就自产内容并专注文化领域的垂直动态产品。

修改前

**| 标题决定文章的点击率**

有吸引力的标题可以在信息大爆炸的今天吸引大众的眼球，从而增加文章的曝光量、提高点击率。标题是文章的高度总结，既要富有感染力还要高度概括文章的内容，这并非易事！不建议大家一开始就成为标题党，因为从长远来看会影响品牌在用户眼中的价值。

对于不同领域的内容调性也应有所区别。目前像今日头条和网易新闻是在做平台，通过用户访问记录及算法推荐给用户感兴趣的新闻，而其本身并不生产内容。但是非平台产品可以在内容上自生产并做垂直。笔者所在企业就自产内容并专注文化领域的垂直动态产品。

修改后

> **Tips**
>
> 在版式设计中，段间距应大于行间距，行间距应大于字间距，请注意它们的层级关系。
>
> 段间距 > 行间距 > 字间距

# 4.5.4 左对齐

左对齐是将所有排版文字以左侧为基线进行对齐，每行右侧行末自然切分，但可能会出现右侧不整齐的现象。在文字排版中，左对齐是采用最多的一种对齐方式，因为人们的阅读习惯是从左至右，所以左对齐更有利于人们阅读。在遇到文字量较大的灌文排版时，左对齐可以使文字显得更平缓，且减轻了大篇幅文字给读者带来的抵触心理。

这是一张音乐会的宣传海报。无论是主标题，还是副标题，都采用了左对齐方式，这使整个版面显得非常简洁、雅致，有秩序。

# 4.5.5 右对齐

与左对齐相对，右对齐是将所有的排版文字以右侧为基线进行对齐，每行左侧行首自然切分，但可能会出现左侧不整齐的现象。右对齐与人们的阅读习惯相反，因此这种对齐方式会使版面显得更有个性。因为右对齐不利于大量文字的灌文排版，所以以右对齐的版面相对较少。右对齐通常用于一些感性的或需要平衡版面的设计作品中。

这是一张音乐会的宣传海报。海报主题文字采用了右对齐的排版方式，与其他图文信息相互呼应，使版面看起来简约且富有个性。

回复51页的 5 位数字领取福利

服务获取方式：微信扫描二维码，关注"数艺设"订阅号。

服务时间：周一至周五(法定节假日除外)

上午：10:00-12:00　下午：13:00-20:00

## 4.5.6　居中对齐

居中对齐是文字以中线为基线使两边进行对称排列的方式，每行行首和行末自然切分，会出现两端不对齐的现象，这赋予了版面强烈的节奏感。居中对齐会使版面显得有仪式感，在视觉上显得平稳、庄重，通常用于书籍目录、宣传海报和高端品牌的刊物设计。

在这个折页的版面中，文字采用居中对齐，字体采用较为粗壮的非衬线字体，这样的设计使版面更和谐、稳定。同时，设计师加大区块间的距离，使版面更透气，且增强了读者对版面的感知力。

## 4.5.7　两端对齐

两端对齐需要微调文字的水平间距，使文字两侧具有整齐的边缘。仔细观察两端对齐的排版文字会发现字间距略有不同，但文字的整体效果非常工整、严谨。将文字强制进行两端对齐，会给人一种极端理性的心理感受。

在这个折页的版面设计中，标题文字和正文都采用了两端对齐的方式。两端对齐会出现字间距不统一的情况，这使版面看上去富于变化，更具跳跃感，与理性规整的文字外围形成了一种形式美。

## 4.5.8 图文绕排

在版式设计中，打造版面美感的关键是将文字和图形恰到好处地组合在一起。图文绕排是指文字围绕图片的边缘进行绕排。在包含大量文字信息的刊物中，合理运用图文绕排方式，可以将文字与图形融为一体，提升版面的趣味性，减轻文字所带来的枯燥感。图文绕排不仅可以给人带来视觉上的美感，还能够更好地传递信息，突出主题。

这是一个极具视觉张力的图文绕排版面。设计师根据文章的主题，巧妙地将文字绕排在人物眼睛、鼻子和嘴的四周，好似一张面膜敷在了人的面部，使整个版面看起来非常新颖、自然。

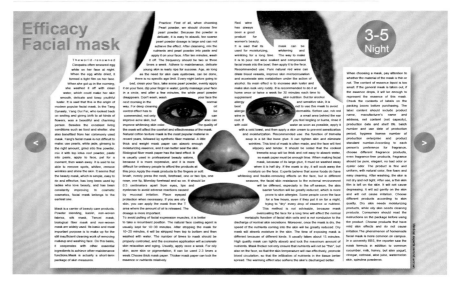

# 4.6　文字在版面中的特殊表现

在版面设计中，设计师可以通过调整文字的大小、位置、倾斜角度，或者添加线框和符号，又或者采用首字下沉、垫色和创意变体等方式对文字进行艺术加工。这些方式可以使文字的个性和特点更鲜明，使版面的视觉表现力更强烈，避免单调乏味，起到美化和活跃版面的作用。

# 4.6.1　文字的大小对比

　　在编排文字时，加粗或放大文字可以使该文字与其他文字形成对比，使其在版面中更突出、醒目，使版面的层次结构更丰富，还可提高版面的视觉张力，常用于设计具有总结归纳作用的刊物标题和重要文字。

　　在这个彰显文字魅力的版面中，设计师将字母进行放大处理，使其与其他字母形成强烈的大小对比。这种处理方式打破了单调的版面，使版面看起来非常具有冲击力和跳跃感，并且能够吸引人们的视线。

# 4.6.2　文字的位置变化

　　文字之间既相互排斥，又紧密相连。将文字进行随机排布，可以形成一种无秩序的效果，这种表现方式非常随意，并且没有规律可言。这种自然无序的排布方式不仅使版面看起来更自然、活泼，还起到了丰富版面和平衡视觉的作用。

　　在这张以文字排版为主的海报中，版面最大的亮点是将字母的位置进行随机分布。这种处理方式不仅使版面更有层次感，还提高了版面视觉的跳跃感，使版面更灵动、活跃。

**Tips**

　　文字的大小和位置的变化并不是没有规律的随性设计，它们应该根据实际需求进行大小对比和位置变化，将视觉规律隐喻在版面中，使版面更具有趣味性。

### 4.6.3　文字的倾斜处理

在视觉上，倾斜能够给人带来紧张感和动感。将文字进行倾斜处理可以使文字更具有个性，体现了统一当中求变化的形式美。

这是赛车运动的宣传画册版面，以倾斜构图为主，标题和正文也进行了倾斜处理，打破了中规中矩的文字排版方式，充分表现了赛车运动的速度感。

### 4.6.4　为文字添加装饰元素

为文字添加线条、边框和几何元素，可以将文字从背景中抽离出来，提高文字的视觉表现力。常用的表现手法有：为文字添加描边效果使文字轮廓更加清晰，为文字添加下画线或边框进行重点提示，在文字笔画的局部融入图形元素进行装饰等。

在这个版面设计中，设计师先用颜色将次要文字进行弱化处理，然后使用醒目的红色线条和黑色将重点文字进行突出显示。虽然版面中没有采用过多的设计元素进行装饰，但版面整体非常具有视觉冲击力。

# 4.6.5 首字下沉

首字下沉最开始是用来标记章节的，多用于字数较多的书刊排版中。它的主要表现手法是把新章节第一段的第一个字进行放大处理，使其更加具有视觉凝聚力，并且标示着新章节的开始。随着设计风格的演变和发展，目前首字下沉的表现手法也常用于装饰版面。

在这个杂志版面中，顶部的图片和标题加大了版面头部的视觉比例，使整个版面的视觉重心向上偏移。为了平衡版面的视觉效果，设计师将正文部分进行了夸张的首字下沉处理。

# 4.6.6 对文字进行垫色处理

在版式设计中，垫色是常用的表现手法。垫色是指在文字或图形的下方铺垫各种颜色，其主要目的是将重要的文字信息从对比较弱的背景中分离出来，使文字不受背景干扰，从而凸显文字或图形等信息。

在这张宣传海报中，主要的文字信息运用了垫色的处理方法，将文字和复杂的背景进行分离，使文字信息更突出，且没有破坏版面的整体色调和设计感。

**Tips**

在专业的排版软件中，可以对首字下沉的行数进行设置，一般设置下沉行数为3，但在追求特殊版式的版面中可以下沉更多行。

# 4.6.7　将文字进行创意变体

　　将文字进行创意变体是一种非常具有设计感的表现形式，不同的字体有不同的艺术表达手法。可以将文字进行具象化的拟人或拟物变化，也可以让文字变得更加理性、抽象。总之，优秀的字体设计不仅可以使版面标新立异，还能吸引大众的视线。对文字进行创意变体时要把握好变化的度，在将文字进行"形"的艺术加工时，还要考虑文字"义"的体现，过度的创意变化会使文字变得复杂、混乱，从而失去了文字本身的形式美，并且不容易被人识别。

　　这是一张法国巴黎的演唱会宣传海报。设计师将音乐会的主题文字进行了创意变体，构成了埃菲尔铁塔的造型，使版面所要传达的形式美和浪漫主题完美结合。

# 第 5 章

# 图片的选择和运用

# 5.1 图片的形态表现

图片的形态表现大致可分为图像和图形。图像是事物的真实写照，能够丰富细腻地反映出事物的形态；图形是构造形象，通过创意由点、线、面基本几何元素组成，其自由性和创造力优于图像。将图像和图形进行组合变化，可以使版面充满情感和趣味，能避免单独使用文字造成版面的呆板、乏味。

## 5.1.1 拍摄图像

图像是大千世界的客观写照，是人们认识世界的信息载体和重要途径。在版式设计中，图像是重要素材，具有较强的说服力，并且向外传递的信息直观、易懂。图像多以写实拍摄为主，真实描述客观事物，不会经过抽象变化。图像具备将事物瞬间定格的特点，并且能在读者与版面信息之间建立一种真实的情感关系。

拍摄图像一般是指位图图像，位图图像由像素组成。像素是构成位图图像的最小单位，像素在图像中有固定的位置，并记录图像的色彩信息。位图图像的颜色是否丰富，画质是否细腻，这些都由构成图像的像素数量决定。位图图像最大的缺点是放大后画面失真，容易出现马赛克效果，影响图像的画面品质。

## 5.1.2 创意图形

图形是指以几何造型为主并经过创意设计的作品，将点、线、面基本几何元素以不同方式组合，表现出写实或装饰效果。在版式设计中，图形以特有的形式美和创造力扮演着重要角色。图形的组合排列方式能够直接影响版面的整体视觉效果，它强大的塑造力既能使版面的主题更鲜明，又能提高人们对版面信息的感知力。

创意图形多为矢量图，矢量图是数学和计算机技术综合应用的产物，例如，人机交互界面的矢量图标。矢量图有容量小、放大不失真等优点。与位图相比，矢量图的色彩较为单一，边缘硬朗，没有位图图像色彩丰富、画质细腻。

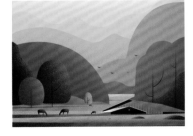

# 5.2 图片的特性

在版式设计中，图片是重要的组成要素，不仅能将信息表达得更直观、生动，还具有较强的视觉冲击力。图片的视觉效果一目了然，既有直观的表现力，又有较强的时效性和创意性，不仅能给读者带来美的视觉感受，还能起丰富版面的作用。

## 5.2.1 直观性

在当今这个"读图时代"，人们的时间碎片化非常严重，因此人们更乐于接受图片和视频等多媒体信息。图片是语言的视觉表现，具有丰富的直观表现力，它没有地域和年龄的限制，因此能够打破不同语言和不同文化的理解障碍。在版式设计中，图片能够直观、生动地表达出文字难以描述的信息。

这是一张番茄酱海报，版面主要以番茄的固有色红色为主。版面整体采用中轴对称式布局，将番茄酱瓶作为版面的视觉重心摆放在正中央的位置，再配上红色的背景，看起来非常直观、醒目，并且能够勾起人们的食欲。

## 5.2.2 时效性

　　与文字相比，图片更容易被人们记住。选用合适的图片可以快速而有效地传递信息，并且令人印象深刻。如果在最短的时间内不能与读者进行视觉上的互动，就难以产生心灵上的共鸣。当人们在车站候车或在通道穿行时，如果身边的户外广告不能在瞬间吸引人们的视线，那么广告本身就是失败的。

　　这是一个街边户外广告。使用场景的特殊性决定了户外广告的版面不能过于复杂，信息量也不能太大，否则不易被人们快速识别和记忆。这则广告以简洁有力的文字为主，配色采用醒目的红色，其用意是在行色匆匆的人群中，在最短的时间内吸引人们的视线。

## 5.2.3 创意性

　　合理的图片和优秀的创意可以使版面非常新颖，并且富有表现力和感染力。创意性不仅能启发读者的联想，还能使版面与读者产生互动，加深读者对信息的理解。虽然创意犹如天马行空般自由，但在版式设计中，一定要围绕设计主题进行图片创意。

　　这是一张非常有创意的招贴海报。主体形象由山、石和丛林等设计元素精心组合而成，将原本不在同一个空间维度的具象元素组合在一起，用于表达书中内容丰富，蕴含无限宝藏。整体版面新颖、简洁、大方。

# 5.3 图片的种类

图片的种类多种多样，在版式设计中，不同的图片类型有着不同的视觉表现力，且直接影响着版面的艺术表现力。图片种类大致分为3种，分别是角版图、去底图和满底图。根据不同的版面，选择合适的图片类型，使信息能有效传递。

## 5.3.1 角版图

角版图也称方形图，图片的边缘被直线边框进行切割和规范，转角以直角为主。在版式设计中，角版图是非常常见且非常简洁的一种图片类型，它规整的外形适合各种类型的版面，应用范围非常广。角版图的仪式感较强，令人感到平稳、庄重，因此多用于内容正式的版面。

这是一张抽象艺术展览的海报，主要采用角版图进行展示。版面构图严谨、规整，在视觉上与图片中缠绕的线条形成强烈的视觉对比。

## 5.3.2 去底图

去底图也叫褪底图或抠底图，是沿着物体的边缘进行裁剪，使物体与背景或其他图像分离。在版面中，去底图的视觉表现力更自由、突出，个性较强，因此多用于自由型版面，能使版面显得轻松、活泼、有趣味性，并且令人印象深刻。

这是一张电风扇的海报招贴。设计师将风扇进行去底，使版面具有视觉张力和纵深感，大面积留白和少量文字使版面看起来非常干净、整洁，并有效传递了产品信息和设计理念。

### 5.3.3　满底图

　　满底图也叫出血图，是指用图形或图像填满整个版面。满底图的图版率为100%，图像在版面中以最大化的形式进行展示，给人开阔、自由的视觉感受。满底图不受版面结构影响，一般图片本身就蕴含了主要的信息，常用于比较感性的版面或运动类版面。运用满底图时，图片构图和裁切方式要合理。

　　这是一张饮食海报招贴，整个版面使用一张满底图进行填充，使版面的图版率最大化。这类满底图信息表现力和带入感非常强烈，能为读者营造出轻松的阅读氛围，起到看图说话的作用。

> **Tips**
>
> 　　为保留画面的有效内容，印刷时会留出裁切部分，这个裁切部分就是出血。出血是印刷常用术语，除了特殊开本印刷品，一般出血设置为3mm。

# 5.4　图片的风格体现

　　图片风格直接影响版面的整体效果，图片风格可以分为4类，分别是具象、抽象、简洁和夸张。不同风格的图片对版面的作用也不相同，因此在设计版面时，应根据实际需求和设计理念选择适合的图片类型，并且保证图片类型与版面整体的设计风格统一。

## 5.4.1　具象

　　具象风格的图片多以实物拍摄图为主，如自然、人文、景观、建筑和产品等拍摄图。该风格图片不受地域和年龄的限制，不需要人们进行联想就能直观地看出内容。在版面中，自然的具象图片可以生动地还原自然景观，富含人文气息的具象图片可以引起人们内心深处的共鸣。

　　这是一张关爱宠物的宣传海报。版面重点展示狗狗的生动形象，给人带来非常直观的视觉感受，从而拉近了宠物与读者之间的距离，并生动体现出版面的主题。

# 5.4.2 抽象

　　抽象与具象是相对的概念，抽象是对事物特征的高度概括与提炼，具有一定的隐喻性，需要人们思考才能获取其中的信息。抽象图片的形态自由、灵活，有无限的扩展空间，因此这种风格的图片不仅能够调动读者的积极性，激发读者的想象力，还能使主题表达更形象、贴切。

　　这是一张巧克力宣传海报。版面中将巧克力溅起的不规则形态作为视觉主体，运用夸张的表现手法，将抽象形象与品牌具象形象形成鲜明的大小对比，大大增大了版面的视觉张力，轻松吸引了人们的视线，并且提升了品牌的识别度。

# 5.4.3 夸张

　　在语言文学和影视方面，应用夸张风格的图片较为频繁。在版式设计中，也可以采用夸张的表现手法来处理图片或版面。夸张是指对事物的某些形象和特征有意识地进行夸大或缩小。夸张能突出重点信息，加深读者的艺术情感。夸张不仅能使版面更有视觉张力，突出版面的艺术性和趣味性，还能激起读者丰富的想象力和情感共鸣。

　　这是一张电影宣传海报，版面采用中轴对称构图。在视觉上，主人公巨大的身躯与身边渺小的小矮人们形成大小对比和矛盾冲突，增强了版面的视觉感染力。这种强烈的大小对比在版式设计中也是一种常见的夸张表现手法。

# 5.4.4 简洁

　　"Less is more"即极简风。画面越简洁，读者对信息的理解就越深刻；画面越复杂，越不容易突出重点信息，而且还会分散读者的注意力。在版面中，信息过多会显得杂乱无章，容易使读者产生抵触、厌倦的心理。因此，设计师应该根据版面主题合理选择图形或图像，使版面简洁、直观和大方。总之，运用简单、直白的图形或图像快速表达出设计主题，这一直是设计师追求的效果。

　　这是一张饮品海报。版面没有过多的装饰元素和文字信息，大面积留白使版面看起来非常干净、爽朗。产品形象图摆放在版面的中心位置，形成视觉重心，文字安排在版面的上半部分，品牌 Logo 安排在版面的下半部分，两者起到了平衡版面的作用。

# 5.5 图片在排版中的注意事项

  图片的质量可以从形、色、质这 3 个方面进行考量。图片质量对整体版面效果有着非常大的影响，精美的图像或创意十足的图形不仅是版面设计的品质保证，还能给读者带来视觉上的享受。在版式设计中，图片的分辨率、完整度和色调决定了图片是否能够应用。

## 5.5.1 图片质量应满足设计需求

  图片的质量决定了版面呈现的效果。在平面印刷设计行业中，对图片的分辨率有较高的要求。一般书刊、画册图片的分辨率不能低于 300dpi，而户外广告和喷绘写真这类物料设计要根据实际尺寸合理设置图片的分辨率，但图片分辨率越大并不意味着图片质量越好。图片分辨率太大，浪费油墨等材料；图片分辨率太小，实际印刷时容易出现马赛克等失真效果，也会降低设计刊物的品质。

  网页设计对图片分辨率的要求不是很严格，一般只要满足 72ppi 即可。

  无论是平面印刷，还是网页设计，都不能无限地将位图图像进行放大或缩小，否则容易影响图像的精度和质量。

  这是同一张图片的两种分辨率效果。分辨率低的图片明显有马赛克现象，导致图片模糊不清，如果将这类图片应用到实际设计中，会大大降低设计品质。而分辨率高的图片色彩丰富、画质细腻，能真实还原产品的形象，提升设计作品的艺术感染力。

分辨率低

分辨率高

> **Tips**
>
>   dpi 是 "dot per inch" 的首字母缩写，直译为 "点每英寸"，常代表印刷分辨率，如 300dpi 的含义是每英寸单位长度内可以排列 300 个墨点。而 ppi 是 "pixel per inch" 的首字母缩写，直译为 "像素每英寸"，常代表显示分辨率，如 72ppi 的含义是每英寸单位长度内可以排列 72 个像素。

## 5.5.2  图片应完整

在版式设计中，无论哪种类型的图片都应该保证完整，尤其是产品和人物图像更需要保证完整度。图片残缺不仅会降低设计刊物的整体品质，还容易造成读者信息获取障碍。在设计产品的宣传画册或说明书时一定要注意这一点。

这个产品 Banner（横幅）设计最大的问题是产品图片残缺，这大大降低了设计美感和信息传递量。经过设计师与商家协商，最后决定替换为完整的图片，从而保证 Banner 的设计效果。

残缺

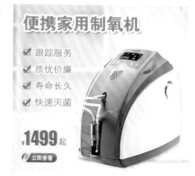

完整

> **Tips**
>
> 对产品或人物图片进行特写裁切时，应该把握好度。裁切得恰到好处是艺术的表现，裁切过度则会造成图片残缺。

## 5.5.3  图片的色调应准确无误

图片的色调对整体版面的效果也起到了至关重要的作用。在版面中，图片作为重要的设计元素，应该与整体效果保持统一，要根据版面的整体风格来处理图片的色调，避免发生图片的色调与版面整体色调格格不入的情况。另外，图片的色调应该保持在一个合理的范围内，否则图片曝光过度或曝光不足都会丢失图片的色彩信息，影响版面的设计美感。

经过对比可以发现，修改前的图片色调灰暗，色彩纯度不高；修改后的图片恢复了原有的色彩，颜色更艳丽，对比更鲜明。

修改前

修改后

# 5.6 图片的灵活运用

在版式设计中，灵活运用图片不仅能清晰地展示设计主题，提升版式的整体竞争力，还能激发读者产生心灵上的共鸣。在设计版式时，为了改变版式的结构和风格，可以调整图片的位置、大小、数量和方向等，使画面呈现出理想的视觉效果。

## 5.6.1 图片的位置

图片的位置可直接影响到版面的整体布局和信息传递。版面的天头、地脚、切口、订口、版面中心和对角线连接的 4 个角点都可以作为版面的视觉焦点，在这些视觉焦点上合理安排图片，可使版面变得清晰、有条理。先对图片的功能、风格和定位进行准确分析，然后确定图片在版面中的位置，这样可以有效地向大众传递信息。

### 1. 图片紧密排布增强关联性

调整图片之间的距离是控制视觉逻辑的重要方法。"格式塔"心理学理论认为人们具有将紧密相连的事物视为一组的心理倾向，因此可以调整设计元素之间的位置关系，将具有强关联性的元素就近排布，从而建立版式的层级结构和视觉逻辑。

在这个杂志对页版面中，设计师将图片进行有规律的紧密排列，形成版面重心，区块感较强。将需要重点表达的骑行图片放大，其余图片错落排列，整体视觉效果有主次之分，层级关系合理。

### 2. 图片疏远排布增强独立性

在版面中，相距较远的图片看起来更具有独立性，视觉关注度也更强。设计师可以将相互独立或关联性较弱的图文信息疏远排布，在视觉上能形成明显的区块划分，从而降低信息之间的干扰，提高人们获取信息的准确度。

在这个版面中，设计师将图文信息按照主次关系排布在版面的左右两边，拉开图文区块之间的距离，各自占据独立的版面空间，彼此之间互不干涉、互不影响。

# 5.6.2　图片的大小

图片的大小对版面结构有很大的影响，直接影响到版面的视觉效果和情感传递。改变图片的位置、大小可以确定图文信息的主次关系和阅读顺序。另外，图片的大小对比可以形成强烈的视觉对比，使版面看上去更有节奏感，并且主次分明。

## 1. 大尺寸图片更醒目突出

图片尺寸越大，视觉体量感越强，更能提高版面的关注度和感染力。与小尺寸图片相比，大尺寸图片的说服力更强，因此通常将需要重点表达的图片进行放大展示，从而直观快速地将信息传递给受众。放大图片要有度，夸张的图片尺寸可能会造成版面整体失衡，此外要结合其他设计元素进行综合考量。

这是一张健身海报，版面主体运用了一张非常具有分量感的壶铃图片，增强了版面的视觉体量感和冲击力，将健身运动的力量感表现得淋漓尽致。

## 2. 小尺寸图片更精致灵活

图片尺寸越小，给人的感觉越精美、别致，趣味性也越强。通常将需要弱化的图片进行缩小展示，使图片在版面中排布更灵活，起点缀和丰富版面的作用。注意图片尺寸不宜过小，否则可能会丢失图片细节，并给读者造成阅读上的疲劳。

在这个杂志版面中，图片的大小受版面结构和文字信息量的影响，因此图片都以小尺寸为主。图片在文字间穿插排布，不仅使版面看起来更丰富、生动和灵活，还起到了点缀的作用。

## 3. 均等尺寸图片更稳重平缓

在版面中，还会遇到图片大小均等的排布方式。这种排布方式令人感到平衡、稳重，多用于实用性较强的电商网站和商超 DM 单。这种排布虽然看起来简单，但是处理不好则容易使版面显得呆板、不灵活。

在这个版面中，图文信息主要以居中对齐的方式进行排布。图片大小相同且依次排列，从而降低了版面的跳跃率，营造出一种平稳、安静的感觉，仿佛时间在静静地流逝。

# 5.6.3 图片的数量

在版面中，图片的数量也直接影响着版面的整体效果。图片数量越多，版面看起来越热闹、丰富；图片数量越少，越考验图片的表现力。因为图版率直接影响着读者的阅读兴趣，所以与单纯的文字排版相比，适量运用图片可以使版面更有情调和艺术性。注意，图片的使用数量要有度，过多会使版面显得拥挤，过少会使版面显得空洞、乏味。总之，图片数量要根据版面的设计风格和定位来确定。

## 1. 单张图片的运用

在版面中，应用单张图片对图片的情感诉求和质量要求非常高，图片必须能传递设计理念，并且能快速吸引人们的视线。单张图片大多出现在图版率为100%的满底图版面中，将一张图片进行满版填充，能形成强烈的视觉冲击力和带入感。另外，在一些设计刊物中，也可以运用单张图片集中表达情感主题，使版面更直观、简洁，具有说服力。

在这张家具海报中，图片占据了版面的主要位置，图版率约为75%。图片中的人物仿佛在向人们讲述一个关于母爱的故事，体现了产品安全、环保等优点，并且值得人们信赖。

## 2. 多张图片的组合运用

在版面中出现多张图片时,排版就要考虑图片的编组和位置变化。大家可以将多图组合分为两大类,分别是规则组合和自由组合。

规则组合的特点是图片与图片之间遵循一定的规则进行排布,可以使版面更加均衡、稳重,体现出一种权威性和仪式感,版面给人的视觉感受是整齐、大方和理性。自由组合的特点是图片的大小、位置和方向随意、灵活,版面给人的视觉感受是自由、轻快,并且富有韵律感和节奏感。

这是一张卷帘海报,图片采用了规则组合方式排版,将图片按照矩阵式布局整齐地排列在版面中,营造出一种秩序感和理性美,使版面看上去非常高雅且具有品位。

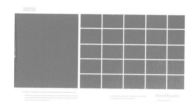

在这个版面中,图片的排布方式较为自由、灵活。设计师根据图片原始的尺寸和比例进行缩放排布,图片群组后张扬的造型感打破了版面的平衡效果,使版面呈现出一种不规则的形式美。

# 5.6.4　图片的裁切

图片中的视觉元素过于烦琐会分散人们的视觉焦点，不能快速吸引人们的视线。对图片进行裁切能形成特写效果，突出需要表达的重点。不同的裁切方式对版面的影响各不相同。根据版面的实际需要合理裁切图片，往往能起到意想不到的效果，不仅能提升版面的视觉美感，还能有效传递信息。

## 1. 裁掉图片中多余的部分

在进行正式排版前，先对搜集到的图片素材进行艺术再加工。摄影师在拍摄时不会考虑未来的版面结构，这需要设计师对图片进行合理裁切，去除与主题无关的部分，只提取图片中的重点和精华，从而减少视觉干扰，使图片的情感表现力和视觉效果展现得更清晰、直白。

这是一个网站的界面效果，图片的原始比例和大小并不适合现在的版面结构，设计师通过裁切去除与主题无关的部分，使图片适配版面结构，并突出了重点需要表达的部分。

修改前　　　　　　　　　　　　　　　　　　　　　　修改后

## 2. 通过裁切提升视觉美感

对图片进行裁切的同时也对图片进行了重新构图。裁切图片是有章可循的，需要根据形式美法则和视觉原理进行合理裁切，使图片的美感得到升华。

不同的图片类型有不同的构图技巧，九宫格构图是常见的裁剪方法。首先将需要重点表达的部分安排在九宫格的 4 个黄金分割点上，然后进行裁切，这种裁切效果是相对最好的。注意，裁切后的图片不能显得太拘谨，要有适当的留白，否则空间感太小容易令人产生紧迫感。

这是运动杂志的对页版面效果。修改前的图片虽然视野非常开阔，但是版面传递的理念并非完全是雄伟壮丽的自然景色，而是人物攀登顶峰的寓意。修改后对图片进行重新构图，将图片进行三等分，阳光和人物各占图片的三分之一，构图显得更加平衡、稳定。

修改前　　　　　　　　　　　　　　　　　　　　　　修改后

### 3. 通过裁切形成特写效果

特写是一种常见的艺术表现方式，通过裁切保留图片中富有特征的内容，并进行深度描绘和刻画。特写效果就是重点突出，并且具有强烈的艺术感染力。在版式设计中，运用特写图片不仅能增强版面的视觉效果，还能提升图片的情感诉求。

这是一张非常引人注目的唇膏海报，其中对人物唇部进行裁切，形成了局部特写，借助亲吻动作吸引人们的视线，生动表现了唇膏的实际效果。特写不仅增强了版面的视觉感染力，还激发了人们的购买欲。

### 4. 根据版面效果进行裁切

版面结构与图片是主从关系，对版面进行合理规划能使信息条理清晰，使结构严谨。在实际工作中，大家搜集到的图片素材有时不能与版面结构保持统一，这就需要对图片进行合理的裁切，以使图片与版面结构保持高度统一。

这是一个运动服饰的杂志页面。设计师运用倾斜构图渲染版面的动感，烘托运动主题。对图片素材进行合理裁切，保留能体现人物情感和产品重点的部分，使图片既适配版面的整体结构，又不影响信息传递。

# 5.6.5 图片的方向

改变主体造型的角度和动势、人物的肢体动作、眼睛的注视方向等，就改变了图片所表达的方向。根据设计主题，设计师可以灵活运用以上改变图片方向的方法，使版面看起来更直观、生动，从而引导读者的阅读顺序，传递不同的情感。

## 1. 人物的眼神产生的方向感

俗话说，眼睛是心灵的窗口。设计师运用人物眼神产生的方向感引导读者的视线，一般在眼神的延伸线上排布重要的图文信息。这是版式设计的惯用技法，能使版面更有趣味性和互动性。在实际设计中，还可以考虑借用人物眼神的变化传递不同的情感，从而升华设计的主题。

这是一张男士香水海报，其中没有过多的文字描述，但图片的选取和构图非常讲究，利用人物视线前方的大面积留白区域使人物的眼神得以延伸。虽然无法知道人物在注视什么，但给人留下了无限的遐想空间。

## 2. 人物的动作产生的方向感

　　人物的肢体动作不仅能使版面产生动感，还具有一定的指向性。充分利用人物的行、立、坐和卧等肢体动作引导人们的视线，并激发人们对肢体语言的联想。在初期选择图片时就要善于观察和分析，将图片进行解构和重构，将人物的动作与版面巧妙结合，建立图文信息的内在关联。

　　这是一个搏击运动海报的对页版面。设计师巧妙应用了运动员的肢体动作，使版面效果非常具有力量感和视觉张力，并且在人物的眼神延伸线和腿部旁边安排了文字信息，增添了版面的交互性和趣味性。

## 3. 物体的造型产生的方向感

　　物体的造型也能展示出图片的方向感和动势。在对静态物体进行摄影时，应该有意安排物体的摆放角度和造型比例，以彰显出图片的方向感和动感，如旋转的陀螺、离弦的弓箭和奔驰的汽车等。总之，在设计版面时，要善于利用物体本身所具有的动势和方向感。

　　这是一张啤酒宣传海报。将酒瓶适当裁切并旋转角度，使版面营造出一种不稳定的动感，能有效吸引人们的视线，提升版面的动感。

# 第 6 章

# 网格系统的运用

# 6.1 网格的种类

在版式设计中，网格是版面的骨骼，也是常用的设计工具。网格主要按照美学比例将版面进行区域划分，使排版更理性、规范。网格系统强调版面的比例和秩序，可使版面具有节奏变化，有效提升版面的实用性和艺术性。网格系统可以帮助设计师高效排布文字和图片，对版面中的图文信息起到规范作用。

网格系统作为版式设计的重要组成部分，它能够科学合理地规范、组织版面元素之间的比例和位置。网格可以有效提升版面信息的可读性，赋予版面明确的框架结构，并构建出具有功能性和逻辑性的版面效果。通过人们长期的实践和归纳，可以将网格系统分为 6 类，分别是比例式网格、方格式网格、对称式网格、非对称式网格、基线网格和成角网格，每种网格系统都有其独特的优点和特性。

## 6.1.1 比例式网格

比例式网格由 13 世纪欧洲建筑学家维拉·德·奥内库尔（Vilard de Honnecourt）提出，它是在长宽比为 3∶2 的纸张上建立的。首先跨页对角线与单页对角线形成交点 A 和 B，然后通过 A 和 B 两点垂直向上与版面顶端形成交点 D 和 C，接着连接 A、C 两点和 B、D 两点，与单页对角线分别形成交点 F 和 E。最后以点 E 为起点向外绘制矩形，与跨页对角线相交于点 K，与单页对角线相交于点 J；以点 F 为起点向外绘制矩形，与跨页对角线相交于点 G，与单页对角线相交于点 I。这样就构建出了左右两个版面的版心。

这种方法能够保证版面的外边距与内边距，以及地脚和天头的比都是 2∶1。因为比例式网格的版心偏小，所以更适合感性的设计刊物。在实际的设计工作中，大家可以灵活构建版面网格，并不需要机械地完全套用。

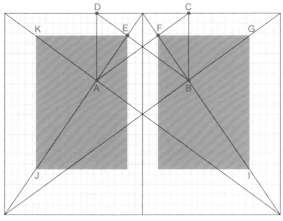

这个页面采用了标准比例式网格进行版面构图。版面四周存在大面积留白，使版面非常精致、典雅，也可使观者的视线聚焦于内容上，做到了形式与内容高度统一。

这个对页版面同样采用了标准比例式网格。留白与图文相互衬托，使版面看起来非常具有现代时尚风格和艺术感。通过版式的不同风格对品牌进行定位，这是商业设计常用的表现手法。

# 6.1.2  方格式网格

方格式网格是在长宽比为3：2的纸张上建立的，天头与地脚的比例是8：13，内外边距的比例是5：8。这同样是一种版心较小的版面效果，通过大面积留白营造简约、高雅的艺术气息，适合艺术类的画册和杂志等刊物。

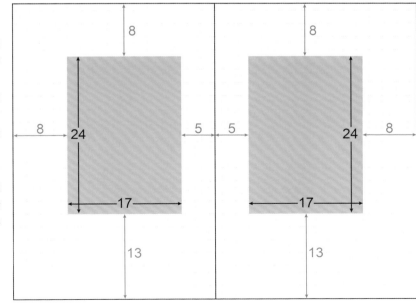

这是一个折页的对页版面，采用了方格式网格进行构图。与比例式网格相比，方格式网格对版心的压缩程度更大，四周留白面积也更大，同时对内容的表达更清晰。

这是一个旅游画册内页，版面同样采用了方格式网格构图。一般这种小版面适合用于注重内容的杂志、画册等刊物，这体现了"少即是多"的设计哲学思想，但不适合实用性较强的设计。

# 6.1.3 对称式网格

对称式网格是相对于同一版面或对页版面而言的，它是指左右页面结构完全对称相同，并且具有相同的内外页边距。在视觉上，对称式网格能起到平衡版面的作用，令人感到平衡、和谐、严谨和理性。在形式上，对称式网格也是多种多样的，通常可以分为对称式单栏网格、对称式双栏网格、对称式三栏网格、对称式多栏网格和对称式单元网格。

## 1.对称式单栏网格

将左右两个版面按照相同的比例和位置进行一栏通排，这种版面效果就是对称式单栏网格。采用对称式单栏网格的版面简洁、朴实，适合文字信息量较大的设计刊物，如小说和文学著作等，但容易使读者产生阅读疲劳，版面也略显呆板。

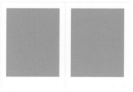

示意图

这是一个文字量较大的杂志对页版面，左右页面均采用对称式单栏进行灌文，使版面更加平稳、舒缓。一般这种布局的版面要求段间距要大于行间距，或者带有段落起止符，否则很容易将段与段杂糅在一起，使文章结构显得混乱。

这是一个采用对称式单栏布局的版面，其图版率约为30%。在版面中穿插一部分图片可以缓解视觉上的单调感和乏味感，并且图片也能起到"看图说话"的作用，使版面更具视觉表现力。

## 2.对称式双栏网格

将左右两个版面按照相同的比例和位置划分为两栏，这种版面效果就是对称式双栏网格。它可以使版面更饱满，打破单栏布局的单调和呆板，能有效避免大量文字引起的视觉疲劳。对称式双栏网格主要应用于文字量较大的设计刊物中，如书籍和杂志等。

示意图

这是一个采用对称式双栏网格的杂志页面。与单栏网格相比，在视觉效果上双栏网格略有跳跃感，整个版面显得不那么严肃。因为双栏网格缩短了栏宽，更适合读者进行快速阅读，所以它更适合文字量较大的刊物。

这是一个科技杂志的对页版面，正文部分同样采用了双栏网格，只是版面的头部区域略有变化。从图例中大家可以得知，双栏网格并不都是纯文本，适量进行图文绕排可以使整个版面更丰富。

## 3.对称式三栏网格

将左右两个版面按照相同比例和位置分别划分为三栏，这种版面效果就是对称式三栏网格。这种网格可以使版面更有跳跃性和节奏感，在情感表达上比对称式双栏网格更丰富、细腻。对称式三栏网格的栏宽更小，更适合人们快速扫读，主要应用于书籍和杂志等刊物。

示意图

这是一个家具杂志的对页版面，左右页面均采用了对称式三栏网格。从整体上看，版面更具形式感。设计师将中间一栏进行了垫色处理，使文字的信息结构更突出、醒目，在形式上也产生了变异效果。

这是一个商品杂志的对页版面，左右页面均采用了对称式三栏网格。在每栏的顶部配上商品图片进行展示，明确了版面的阅读顺序和结构。同时，栏与栏之间采用了实线进行分割，使版面的结构和骨骼感更明显。

## 4.对称式多栏网格

对称式多栏网格是指三栏以上的网格编排形式，具体栏数可以根据内容和风格等因素进行设定。无论栏数为多少，对称式网格都能使版面表现出良好的秩序感和平衡感，为人们营造出舒适的阅读环境，它多用于信息说明和功能性较强的设计刊物。

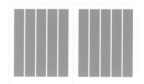

示意图

这是一个家具杂志的对页版面，左右页面均采用了对称式五栏布局。在设计刊物中，五栏布局比较少见，它适合文字量较大的设计刊物。多栏布局可以压缩栏宽，能有效提高读者的阅读速度。

这是一个住房体验报告书的对页版面。在左右页面中，不同的住房感受运用不同的色块进行划分。信息之间没有主次关系，因此非常适合使用这种并置类型的多栏式布局。

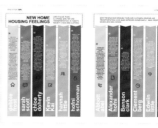

> **Tips**
>
> 采用多栏网格布局时，一定要把握好栏宽和文字字号的大小。栏宽过小则每行容纳的文字过少，会导致阅读时频繁换行，极易引起视觉疲劳。

### 5.对称式单元网格

对称式单元网格是指版面划分为相同大小的网格，文字、图片等信息以对称方式排布在左右两个版面中。对称式单元网格打破了栏的约束，使信息编排更灵活、自由。在视觉上，版面信息之间依然保持着对称关系，既保证了版面的视觉平衡，又提升了版面布局的灵活性。

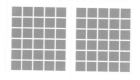

示意图

这是一个画册的对页版面，采用了对称式单元网格构图。先将版面划分为大小相同的单元网格，然后进行图文编排，形成对称效果，使版面更平衡、稳重。

这是一个家具杂志的对页版面，图片部分采用了对称式单元网格布局，文字部分采用了栏式网格布局，整体效果结合了单元网格和栏式网格布局，使版面更规整。

# 6.1.4 非对称式网格

非对称式网格与对称式网格是相对的概念。非对称式网格通常是指左右版面采用了不同的版面结构，可以根据内容之间的不同层级关系和大小比例刻意打破版面的平衡，追求一种标新立异的效果和视觉张力。因为不对称网格具有调节版面气氛的作用，所以多用于具有娱乐性和生活性的设计刊物。

在设计版式时，尤其是个性较强的杂志和画册等设计刊物的版式，设计师可以将不同类型的对称式网格进行调整，改变栏数、栏宽、文字大小、文字位置、图片大小和图片位置等，从而打破版面的对称和平衡关系。与对称式网格相比，非对称网格在编排上更灵活、自由，难度更大，也更能考验设计师对版面结构的把控能力。

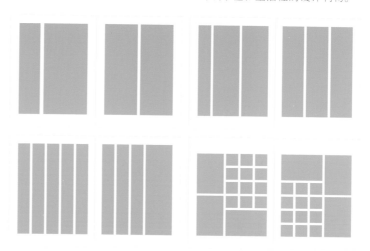

示意图

这是一个画册的对页版面，主要采用了非对称式单元网格形式。将一整张图片嵌入网格群组中，形成"犹抱琵琶半遮面"的效果，使版面更具有艺术美感。另外，通过大面积留白为读者留下足够的联想空间。

WESTERN WORLD

这是一个建筑装饰杂志的对页版面，左右页面采用了非对称式单元网格布局。大家可以看到，这种布局可以使版面具有跳跃感和节奏感，能打破呆板的页面效果。

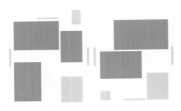

这是一张运动杂志的对页效果图。左右页面采用了非对称式三栏布局，通过调整栏距、图片大小和图片位置等打破版面的对称效果，这使版面中的信息更清晰、明确，版面的视觉效果更富于变化。

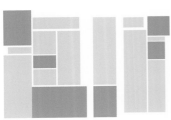

60 Years of Excellence

这是一个汽车杂志的对页版面，左右版面采用了非对称式单元网格进行构图。通过调整图片的大小、位置，版面显得非常灵活多变，能有效激发读者的阅读兴趣和对信息的探索。

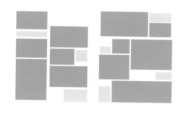

# 6.1.5 基线网格

基线网格可以理解为版式设计中的一种辅助参考线，主要作用是将版面中的设计元素进行规范，例如，设计元素的大小和位置。一般基线网格不在最后的实际作品中呈现，只是单纯地用于辅助版面编排，为设计师提供视觉参考。但设计师为了打破常规，偶尔会将基线网格作为版面的视觉元素，以强化元素之间的内在规律和顺序性。

这是一张艺术展会的宣传海报。以左对齐的文字为主，所有图文信息都按照基础网格进行排布，使图文信息条理清晰、井然有序。

### 6.1.6　成角网格

　　水平或垂直网格旋转一定角度后形成的网格就是成角网格，倾斜角度一般为 30°、45°或 60°。在版面中，为了避免设计元素混乱，保证阅读的连贯性和逻辑性，一般只能同时运用一个或两个倾斜角度。成角网格能有效打破版面的平衡，使版面结构更灵活，编排效果更有创造性。但要注意，在表现版面的个性时，不能影响人们的正常阅读。

　　这是一张以文字内容为主的海报，主体文字以 45° 成角网格进行倾斜布局，打破了版面的平衡，使版面极具动感和视觉张力。

　　这是一个汽车赛事的 DM 单设计，版面所有的图文信息都以 30° 成角网格进行规范布局，以此来突出赛车的动感。

# 6.2　网格的作用

　　在版式设计中，网格系统的作用是使设计师能更科学合理、快速高效地进行排版，使图文信息建立起一种内在的关联性和逻辑性，使人们在阅读时更便捷。总之，网格系统能使版面呈现出一种秩序感、整体感和艺术感，目前广泛应用于书籍、杂志、画册、网站和移动端 UI 设计等。

## 6.2.1　主动建立版面的结构

　　网格系统能够帮助设计师规划版面的结构关系，使信息层级更明确，版面更具节奏感和韵律感。通过网格系统构建版面结构，还可以确定图文信息的位置关系，为版面建立合理的视觉导向。

　　如果设计理念是一幅设计作品的灵魂，那么网格就是设计作品的骨架，网格能起到支撑版面的作用。为了充分表达设计主题，设计师要善于利用不同类型的网格。虽然网格系统不会呈现在最后的实际作品中，但在版式设计中能起到参考和规范的作用。

这是一个灯具杂志的对页版面。设计师根据图片大小和文字数量将版面进行规划，对部分图片进行去底处理，并灵活调整图片的大小和位置。整体版面既灵活，又有条理性，也符合自由型的版面风格。

# 6.2.2　使版面更加规范

网格系统可以使版面既有艺术的感性美，又有实用的理性美。在充满艺术感的设计中融入以形式美为代表的理性概念，可以使版面设计更科学、合理和规范。设计师可以借助网格系统有目的、有规则地进行设计，从而避免主观随性的版面布局。网格系统具有理性的特点，也为评判一幅作品提供了衡量的标准，使设计刊物在形、色、质这3个方面实现整体化和规范化。设计师合理运用网格系统进行编排，能大大提升工作效率，并且减少失误，从而创作出充满感性美和理性美的版面效果。

这是一个除草设备的DM单设计。不同的信息按照主次关系，从上至下将版面划分成不同的区域，使整体版面更理性、规范。

### 6.2.3 加强版面信息的关联性

　　网格系统还能加强版面信息之间的关联性，可以为设计元素建立内在的信息逻辑和外在的视觉关系。网格系统还能有效传递信息，使版面信息能够准确、快速地传递给读者。同时，网格系统还能辅助设计师建立版面的设计风格。

　　这是一个建筑装饰的画册设计，先通过网格进行划分，然后按照主次关系将图片对应到大小不同的网格中，使版面形成一种半包围结构。另外，对不同的信息群组进行了垫色处理，加强了版面信息之间的关联性。

# 第 7 章

# 色彩的原理和运用

# 7.1 色彩的三要素

人的视网膜接收强度不同的光波，在大脑中形成不同的色彩感觉，色彩感性，富于变化。为了将色彩进行理性研究，人们对色彩进行分析与归纳，得出了构成色彩的 3 个基本要素，即色相、明度和纯度。在版式设计中，设计师需要灵活运用这 3 个色彩要素，调出与版面整体设计风格统一的色调。

## 7.1.1 色相

色相即色彩的相貌，就是大家常说的各种颜色的名称，如红、橙、黄、绿、青、蓝和紫等。色相是色彩的基本特征，是区别不同色彩的标准。色相与光的波长有关，与色彩的强弱和明暗无关。区分色彩就是识别不同的色相。在版式设计中，设计师为版面设定色彩基调有助于表达设计理念。

丰富的色彩搭配能够为版面增添许多魅力，优秀的色彩搭配不仅可以起到美化版面的作用，还能突出设计主题。给版面搭配色彩时，为了将设计元素进行区分和对比，设计师应该根据元素的作用和层次关系选择不同的色相，并且注意所选的颜色与版面表达的设计理念和人群定位要匹配。

12色相环

这是一个网站界面，运用不同的色相进行配色。运用不同的色相区分网站的五大功能区域，整体非常简约、明快和亮丽，将配色的核心功能展现得淋漓尽致。

这是一个个人品牌的网站界面。设计师运用不同色相的色块构成品牌字母 X，通过鲜明的颜色对比增强了版面的视觉冲击力，吸引人们的视线，使人们更容易记住这个品牌。

# 7.1.2 明度

明度是指色彩的明亮程度。光源的光照强度和物体表面反射光量都会直接影响色彩的明度。在有彩色系中，黄色的明度最高，紫色的明度最低；在无彩色系中，白色的明度最高，黑色的明度最低。

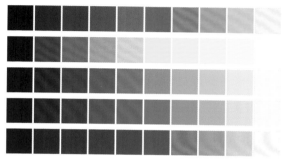

不同色相的明度对比

根据孟塞尔色立体理论，把明度由黑到白等差分成 11 个等级，去除两端的黑和白，其余 9 个阶段又被分成 3 个基调，分别是高明度基调、中明度基调和低明度基调。

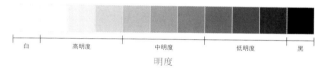

白　　高明度　　中明度　　低明度　　黑

明度

色彩可以通过调节明度来获得相似色。不同明度的色彩反映出的版面效果不同。通常高明度的色彩令人感到醒目、轻快、活泼且富有朝气，中明度的色彩令人感到中性、平和且高雅，低明度的色彩令人感到沉稳、严肃和庄重。在版式设计中，调节色彩明度可以使版面富有层次感，内容更显丰富。

这是一张化妆品的宣传海报。版面主要配色采用了高明度的黄色和白色作为主色调，看起来非常醒目、轻快。

这是一张酒品的宣传海报。版面背景是低明度的深蓝色，酒瓶是高明度的金色，深邃的深蓝色和奢华的金色形成一明一暗的对比效果，有效凸显了金色酒瓶。

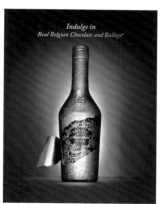

# 7.1.3 纯度

纯度也称饱和度，是指色彩的鲜艳程度。色彩越接近原色，纯度越高，色彩越艳丽；色彩中掺杂的其他色彩成分越多，纯度越低，色彩显得越灰暗。在有彩色系中，三原色的纯度最高，间色和复色的纯度较低。色彩的纯度越低，色彩越接近黑、白、灰这些无彩色系的颜色。

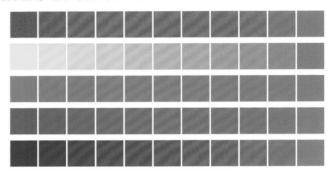

为版面进行配色时，设计师可以调节色彩的纯度。色彩的纯度越高，版面则显得越鲜明；色彩的纯度越低，版面则显得越灰暗、内敛。因此，纯度高的色彩经常作为主色，用来凸显设计主题；纯度低的色彩经常用作辅色，用来烘托主题、渲染气氛。设计师可以用高纯度的色彩表达版面张扬、热烈和积极向上的调性；也可以用低纯度的色彩表达低调、舒适和沉稳。

> **Tips**
>
> 明度和纯度并无直接关系，明度高的色彩其纯度不一定高。例如，明黄色的明度较高，但纯度没有正黄色高。

这是一张牙膏宣传海报。版面配色以高明度且高纯度的黄色作为主色，以洋红色作为辅助色，点缀版面。

高纯度配色不仅使版面看起来更活泼、年轻，还有助于提升版面的亲和力。

这是一张高端箱包品牌的宣传海报。版面以纯度较低的灰蓝色和酒红色为主，通过这两种颜色对比，烘托出品牌高端、内敛和含蓄的风格。

# 7.2 三原色

在这个绚丽多彩的世界中，随着对色彩认识的提高，人们发现绝大多数的色彩都可以由3种基本的颜色按不同比例混合而成。这3种基色中的任意一种都不能由其他两种基色混合而成。大家将这3种基色称为三原色。三原色又被分为色光三原色和色料三原色。

## 7.2.1 色光三原色

色光三原色遵循加色法则，这3种颜色分别是红（Red）、绿（Green）和蓝（Blue）。光谱中的大部分颜色都是由这3种原色按照不同的比例混合而成的。如果这3种原色以相同的比例和最大光照强度进行叠加，则呈白色。

加色法则被广泛应用于电子产品，如电视机、显示器等。在舞台美术和魔术表演中也经常利用光的加色原理迷惑观众。例如，舞美指导通过变换灯光的颜色来改变演员的服装颜色。

## 7.2.2 色料三原色

色料三原色遵循减色法则，这3种颜色分别是青色（Cyan）、洋红（Magenta）和黄色（Yellow），它们不能再分解成其他颜色。另外，色料三原色按相同比例混合后能呈现出黑色。

绝大多数印刷色都可以通过色料三原色进行调配，因此被广泛应用于四色印刷。印刷时，四色印刷机通过青、洋红、黄和黑这4张菲林片记录图像的色彩信息。在平面印刷设计中，设计师为版面搭配颜色时应该遵循减色法则。如果用色不合理，最后可能发生只能观赏不能印刷的情况。

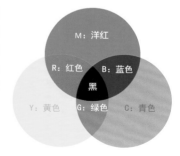

> **Tips**
>
> CMYK 印刷颜色模式中的 K 代表黑色。"黑色"对应的英文单词是"Black"，之所以用 K 表示黑色，是因为字母 B 已经被 RGB 颜色模式中的蓝色（Blue）所用。

# 7.3 色彩搭配的常用法则

在版式设计中，色彩是重要的组成要素和设计语言，不同的色彩会产生不同的视觉效果，进而引发不同的心理感受。优秀的色彩搭配能够强化设计效果，吸引人们的注意，并给人留下良好的印象。设计师应该灵活运用色彩搭配的基本原则，遵循色彩的基本规律，做出深刻、令人难忘的版面效果，并有效传递出自己的设计理念。

## 7.3.1 同类色搭配法

同类色搭配是一种简单、方便、保守和稳妥的配色方法。同类色的色相相同，但在色度上有深浅之分。例如，绿色中有墨绿色、草绿色、碧绿色和松石绿等多种同类色。在运用同类色进行色彩搭配时，一定要区分色彩层次，既不能太接近，也不能对比过于强烈。太接近时人眼无法识别，对比过于强烈时又会使版面显得生硬。在版面中，同类色的主要作用是协调、统一视觉效果，使版面细腻、沉稳和平和。

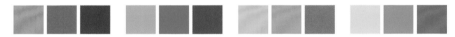

不同色相的同类色

在色彩搭配时，切忌色彩数量过多，否则会使页面显得杂乱、花哨，甚至艳俗。色彩数量最好控制在 3 种以内，如果色彩数量受到产品属性、行业属性或企业文化等因素限制，为丰富视觉效果，设计师需要通过调整色彩的明度或纯度来衍生出同类色。

这是一个宠物饲养网站页面。采用一张满底创意插画进行版面渲染。该插画主要运用暖色系中红色的同类色进行搭配，营造出夕阳西下狗狗在森林中散步的温暖情景，增强了读者与宠物、网站产品之间的亲近感。

这是一张创意矢量插画，运用同类色进行配色。画面中所有的创意元素全部运用橙黄色系的同类色进行填充，营造出了温暖、惬意的情景。

## 7.3.2　邻近色搭配法

邻近色搭配是一种安全又有个性的配色方法。在色相环上任选一种色彩，与其相距60°~90°的色彩被称为邻近色。例如，黄色与黄绿色、蓝色与蓝绿色就是邻近色。邻近色既能保证色调统一，协调版面的色彩调性，又具有色彩冷暖对比和明暗对比，使版面具有一定的跳跃性。因此，在版式设计中常使用邻近色进行搭配，邻近色备受各界设计师青睐。

这是一张清洁用品宣传海报。页面整体以绿色为主色调，以邻近色黄色为辅色。这种搭配重点表达了清洁用品环保、无伤害的产品特点，能提升人们对品牌的关注度和信赖感。

这是一张宠物保护协会的宣传海报。版面主张运用邻近色进行搭配，以绿色作为基色，蓝色和深蓝色作为辅助色，形成前后呼应的视觉效果。整个版面运用柔和的低纯度色调进行组合搭配，营造出丰富细腻的过渡效果。

## 7.3.3　对比色搭配法

对比色搭配是一种大胆的配色方法。在色相环上，相距120°~180°的两种颜色被称为对比色。例如，黄色与蓝色、紫色与绿色、红色与青色等都是对比色。对比色在色相环上相距较远，色差对比明显，因此能够产生强烈的视觉冲击力和对比效果，使版面生动且富于变化。如果版面色彩过于单一，缺乏对比，则会使版面显得单调、乏味，没有层次感，并且很难形成视觉冲击力。因此，在表达一些对立主题和年轻时尚的版面时，可以运用节奏明快、活泼张扬的对比色，以强化版面效果，提升品牌影响力。

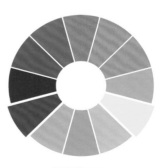

这是一个时尚潮牌的网站界面。版面配色采用了非常鲜明的对比色，通过蓝色和黄色进行视觉碰撞，黑色和白色进行视觉点缀，整个版面既简洁，又富有细节和层次感，凸显了年轻、时尚、大胆和张扬的风格。

这是一张会议便签本的效果展示图。运用洋红、橙黄、湖蓝这3种互为对比色的颜色进行色彩搭配，使版面色彩更丰富、热烈，并且富于节奏变化。另外，这3种颜色有效地烘托了本次会议的辩论主题。

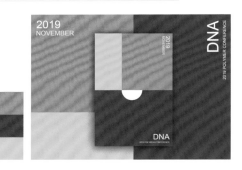

# 7.3.4　互补色搭配法

互补色搭配是一种较极端的配色方法。在色相环上，夹角为180°的两种颜色为互补色。例如，蓝色与橙色、红色与绿色、黄色与紫色等是互补色。互补色能体现出强烈的色彩对比和矛盾冲突，但在版面中应谨慎使用，否则稍有不慎就会使版面产生强烈的分裂感，破坏版面的整体效果。

在版面中使用互补色时，最好先选择其中一种颜色作为版面的主色调，其他颜色作为辅色或点缀色。通常版面中的主色、辅色和点缀色可按照70：25：5的比例进行配色。这种比例不仅能削弱视觉上的差异感，还能使重点突出。

这是一张吹风机的创意海报。整体版面以红、绿两种互补色进行搭配，红色是产品的固有色，绿色是背景色，这样可以很好地将产品进行突出表现。设计师利用电线巧妙勾勒出女性的头部，整个设计无论是创意还是配色都非常好，可谓是形义兼备。

这是一张潮牌鞋品的创意海报。版面中将明度较高的黄色和明度较低的紫色进行搭配，对比强烈的互补色使版面非常鲜明、有个性，并且向人们传递了品牌的价值。

# 7.4 色彩在版式设计中的实际运用

随着时代的变迁，人们对色彩的认识越来越深刻。不同色彩可以带来不同的心理感受，人们赋予了色彩各种不同的象征意义。在版式设计中，色彩不仅能够传递设计理念，突出设计主题，提升版面的视觉美感，还具有一定的时代特征。因此，设计师在进行创作时，一定要遵循色彩的搭配规律和色彩的象征意义，并不断提升自己的美学修养，以设计出更多的优秀作品。

## 7.4.1 色彩的象征意义

色彩都有着不同的象征意义，给人以不同的视觉印象。人们看到某种颜色，就会产生某种联想。例如，人们看到红色，就会联想到太阳、火焰、苹果或血液等不同的事物。不同的地域、文化、年龄和性别等因素会使人们对色彩的联想略有差异，即使同一种色彩也会解读出不同的情感。因此，设计师在进行创作时还要注意地域和文化的差异，以便根据不同的人群进行色彩搭配。

| 色彩名称 | 心理感受 | 情感标签 | 用途 |
|---|---|---|---|
| 红色 | 红色具有强烈的能量感，不仅能给人热烈、激情的心理感受，还寓示着愤怒，具有一定的警示作用。红色是穿透力非常强的颜色，因此能够引起人们的注意 | 活力、喜庆、激情、热烈、兴奋、坚持、紧张、冲动、急躁、愤怒、危险 | 交通、服务、餐饮、服装、礼品 |
| 橙色 | 在视觉上，橙色没有红色热烈、张扬，但也充满了活力。橙色能使人联想到秋天和累累硕果，会令人感到富裕、幸福、喜悦和温暖等，而不会令人感到危险 | 温暖、富裕、辉煌、丰硕、成熟、喜悦、甜蜜、开朗、亲切、健康、食欲、骄傲、嫉妒 | 石油、冶金、美食、饮品、运动 |
| 黄色 | 黄色的明度极高，能使人联想到太阳和温暖。黄色给人活泼、轻快和乐观的心理感受。亮黄色象征着懦弱，浅黄色表示柔软，灰黄色表示病态 | 光明、活泼、轻松、愉快、乐观、纯真、娇嫩、希望、智慧、高贵、诱惑、冷淡 | 金融、地产、餐饮、预警 |
| 绿色 | 绿色象征着生命，能使人联想到生命的成长和大自然的清新，能给人自然、健康的心理感受。绿色还象征和平、公正和自由 | 自然、健康、新鲜、增长、青春、放松、真诚、安全、酸涩 | 农林、环保、生鲜、邮政、旅游 |
| 蓝色 | 蓝色令人感到清爽、明快，能使人联想到天空和海洋，象征着永恒、高远和壮阔。不同色调的蓝色会给人不同的心理感受，如稳重、理性、悲伤和忧郁等 | 科技、智能、理智、理想、诚实、可信、知性、淡雅、纯净、冷静、提神、速度、冷漠、悲伤 | 科技、水利、电子、航空、航天、企业、教育、医疗 |
| 紫色 | 紫色是一种神秘而高贵的颜色，与幸运、财富和华丽相关联。不同色调紫色的象征意义和给人的心理感受存在很大的差异。例如，暖紫色令人感到浪漫，冷紫色令人感到魔幻 | 优雅、浪漫、神秘、奢华、高贵、细腻、庄严、魔幻、诡异、深邃 | 化妆、美容、服装、家具、装饰 |
| 黑色 | 黑色属于无彩色系。黑色可以吸收一切可见光，因此象征着包容、吞噬和消亡等。黑色作为底色，适用于所有其他颜色，并且搭配效果非常鲜明 | 高端、刚正、力量、毅力、充实、永恒、严肃、冷漠、低调、荒凉、恐怖 | 科技、工业、运动、安全、防护 |
| 白色 | 白色也属于无彩色系。白色明度最高，没有强烈的个性，多用作背景色。白色能令人感到光明、圣洁 | 光明、纯洁、高尚、雅致、干净、朴素、孤立、宽广、正直、无私、空虚、缥缈 | 医疗、卫生、化工、环保 |
| 灰色 | 灰色属于无彩色系，是介于黑色和白色之间的中性色，没有色彩倾向，但具有明度特征。灰色象征着高贵、稳重、内敛，并且略带哲学色彩，给人优雅、考究和平凡的心理感受 | 优雅、柔和、独立、平凡、谦逊、沉稳、内敛、含蓄、孤独、消极 | 轻工、建筑、服装 |

这是一张高端沙发品牌的宣传海报。版面以较纯的红色为主，红色是产品的固有色，象征着品牌高端、尊贵。将产品局部放大作为背景，可使版面协调、统一。

这是一张户外睡袋的宣传海报。版面用睡袋的固有色橙色作为背景，烘托出睡袋保暖、舒适的特点，在视觉上和心理上给人们带来了双重的信赖感。

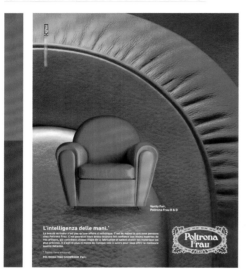

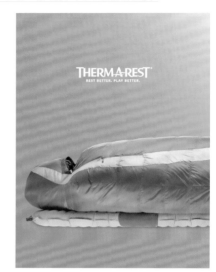

这是一张产品宣传海报。其中运用高明度的黄色作为主色，明度较高的黄色和明度最低的黑色形成对比。同时，黄色和黑色进行搭配，充分表达了版面活泼、俏皮的欢快风格。

这是一张高端首饰宣传海报。版面采用绿色和白色进行搭配，以清新明快的绿色作为主色，能够使人联想到大自然的清新，而白色作为辅色进行点缀。

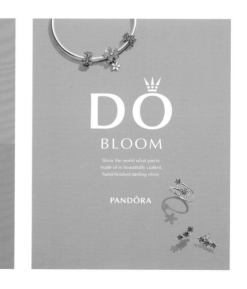

这是一张洗护用品的宣传海报。整体版面以蓝色为主，蓝色是产品包装的固有色，象征着产品清爽、纯净的属性，并且能够将产品的功能性体现出来。

这是一张女包宣传海报。整体版面以紫色为主，紫色能烘托出产品的高贵气质和神秘感，使产品更具魔幻气质。

这是一张酒杯宣传海报。版面以黑色为主色调，以少量的红色和白色作为点缀色，渲染出产品的质感，并突出高端、尊贵的产品定位。同时，黑色、白色和红色被业界定义为永恒经典的搭配色。

这是一张色彩构成的海报作品。版面以抽象元素作为主体，以不同明度的灰色为主色调，使版面显得高级、雅致，其中的元素造型和灰度变化非常具有节奏感和韵律感。

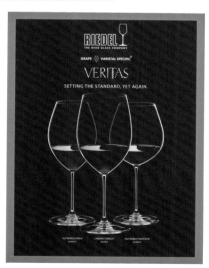

## 7.4.2 色彩传递的品牌特色

随着经济的快速发展,无数的品牌形象如雨后春笋般出现在人们的生活中。提升自身品牌的识别度,并且能被人们牢牢记住,这是企业和设计师共同追求的目标。企业在表达自己的品牌特色时,色彩扮演着重要角色,它不仅可以彰显企业的个性,还能传递企业的核心文化和价值观,并加深客户对企业的了解。

在街道上行走时,人们经常会被麦当劳标志吸引,这主要是因为人们对红色和黄色的感知更敏感,并且红色的穿透力非常强,黄色的明度很高。此外,红色和黄色搭配能够使人们对美食产生联想,激起人们的食欲。

麦当劳Logo

营销界有一个著名的"7秒定律"理论,是指人们在挑选商品时只需要7秒钟就可以确定对哪些商品感兴趣,继而深入了解商品的价格和属性等,而在这短短的7秒内,色彩的作用占到了67%,成为影响人们选择商品的重要因素。因此,合理的色彩搭配不仅能激发消费者的购买欲,还能有效地提高商品的附加价值。设计师需要深入了解消费者的心理需求,并通过合理的色彩进行心理暗示,使品牌在众多竞品中脱颖而出。

品牌标志中的色彩运用

# 7.4.3　色彩所赋予的时代感

　　色彩被赋予了不同的时代感。不同时代的人们对色彩的喜好并不相同，每个时代都有属于自己的流行色，用来表达当时的文化特征。在一定程度上，流行色对消费市场具有积极的指导作用，能为各行各业的设计师提供色彩风向标，从而设计出符合时代要求的作品。例如，20 世纪 80 年代人们偏好灰蓝色服装，那个年代人们受物质生活水平所限，且思想相对保守，低纯度的色彩更符合那个时代的特征。

　　如今，随着人们生活水平的提高，世界文化朝着多元化的方向发展，人们能接受多色、撞色的色彩搭配。因此作为设计师，大家应实时掌握国内外设计的最新发展趋势，力求用流行前卫的色彩搭配来定义设计理念。

　　这是一张 20 世纪 80 年代的摩托车宣传海报。从海报中，大家大概能了解到那个年代的流行色和大众喜好。版面以黑色为背景色，突出了摩托车和模特的造型。

　　这是一张高端品牌服饰的宣传海报。整体配色显得年轻、时尚，主要采用蓝色、绿色、红色和黄色等撞色进行对比搭配，非常具有视觉冲击力，表现出了大胆、前卫的品牌风格。

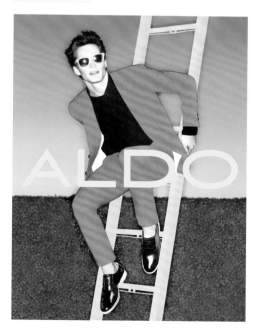

# 7.5 色彩在版式设计中的心理效应

　　色彩不仅具有丰富的象征意义，还能引发人们不同的心理感受。色彩本身并无情感，而是人们根据日常生活中的无数经验对色彩形成了不同的心理感受。不同的色彩搭配可以使人们产生冷暖、大小、远近、软硬和轻重等不同的心理感受。在版式设计中，为了丰富版面的空间和层次，使版面具有对比效果和变化，设计师应该合理运用色彩产生的心理感受，使版面的设计主题更灵活、生动。

## 7.5.1 冷暖的感觉

　　根据生活经验，人们对不同的色调可产生冷暖的心理感受。当然，这种冷暖感并不是色彩的真实温度。大家可以将色彩分为暖色、冷色和中性色3种色调。

　　暖色是指那些令人感到温暖和热情的颜色，一般指红色、橙红色、橙色和黄色等，能使人联想到太阳、火焰和爱情。冷色是指那些令人感到凉爽、深邃、平静和安宁的颜色，一般指蓝色、绿色、青色和紫色等，能使人联想到森林、天空、大海和夜晚等。而处于冷色和暖色之间的黄绿色、紫红色，很难判定它们的冷暖关系，因此被称为中性色。

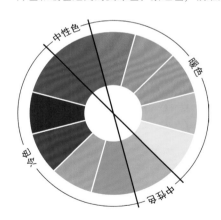

　　这是一张果汁宣传海报。暖色的橙子片和冷色的黄瓜片将版面斜向一分为二，分别表达出橙汁甜美和黄瓜汁清爽的口感，使版面在视觉和心理上形成鲜明的对比效果。

# 7.5.2　大小的感觉

　　色彩的明度是影响物体视觉大小的主要因素。通常明度高的颜色看起来较大，明度低的颜色看起来较小。而明度相同的情况下，暖色看起来膨胀，冷色看起来收缩。实际上，色彩给人的大小感觉是视觉上的错觉。在版式设计中，设计师可以借助颜色给人的大小视差，灵活调整元素之间的大小关系，以保证版面的视觉统一性。

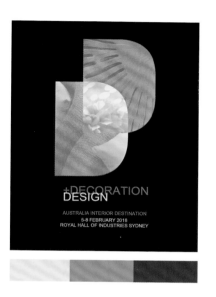

面积相同，暖色看起来大，冷色看起来小

　　这是一张家装博览会的物料宣传海报。版面以黑色作为背景色，可以烘托前景的两个抽象字母 D。设计师刻意将两个字母的颜色做了明暗变化，营造出一前一后、一大一小的视觉效果，使版面更有层次感。

# 7.5.3　远近的感觉

　　在同一平面上的颜色因为色相、明度和纯度等因素不同，会令人产生不同的远近感，而这种远近视差主要与光的波长和折射率有关。暖色、高明度和高纯度的颜色看起来更近，而冷色、低明度和低纯度的颜色看起来更远。当然，色彩的远近感还与色彩的面积有关。设计师可以充分利用这些视觉差异，使版面更丰富，空间感更强。

低明度、低纯度的冷色看起来远，高明度、高纯度的暖色看起来近

　　这是一张科技会议的宣传海报，大小和颜色不同的块面形成了前、中、后3个景深效果。根据近大远小的视觉规律，面积最大的白色色块使人感觉最近，面积较小的红色色块使人感觉最远，而黄色色块安排在中景位置。这样的安排使版面形成了一定的视觉深度和层次感。

# 7.5.4  软硬的感觉

色彩的软硬感主要取决于明度和纯度。在有彩色系中，明度高、纯度低的色彩令人感到柔软；明度低、纯度高的色彩令人感到坚硬。绿色和紫色令人感到柔软，因为绿色和紫色能使人联想到绿植和服装等。在无彩色系中，黑色令人感到坚硬，因为它能使人联想到金属和煤块等；而白色令人感到柔软，因为它能使人联想到白云、棉花和薄纱等。

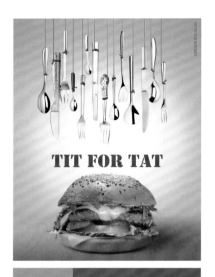

硬                     软

在这张美食大赛的宣传海报中，设计师运用了代表坚硬属性的刀叉和代表柔软属性的汉堡作为主视觉元素。具象元素和冷暖色彩都形成了矛盾、冲突，令人感到赛事竞争的紧张感。

# 7.5.5  轻重的感觉

色彩的轻重感主要与明度有关。明度高的色彩令人感到轻盈，明度低的色彩令人感到沉重。当明度相同时，纯度高的色彩比纯度低的色彩感觉轻。将色彩由轻到重进行排序，其顺序是白、黄、橙、红、灰、绿、蓝、紫、黑。由此可以看出，暖色调较轻，冷色调较重。在版式设计中，设计师要充分考虑色彩给人的轻重视觉感受，避免出现"头重脚轻"的视觉效果。

重                     轻

这是一张家具宣传海报。版面设计风格以简约、内敛为主，因此用色上主要采用了灰色和黑色。黑色的浴缸极具分量感，因此安排在版面的下部，而浅色的灯具给人较轻的感觉，因此安排在版面的上部，从而避免头重脚轻的不协调感。

# 7.6 版式设计中的色彩搭配原则

在版式设计中，色彩以独特、丰富的表达语言占据着重要地位。在为作品配色时，设计师应该充分考虑色彩的不同象征意义和给人的心理感受，判断色彩能否与产品属性、消费群体和设计理念相匹配。只有灵活掌握色彩搭配的原则和方法，才能设计出优秀的作品，并满足人们的心理需求，达到预期的设计目的。

## 7.6.1 依据产品属性进行色彩搭配

商业设计是为产品服务的，无论是平面设计、产品设计，还是服装设计。所有设计学科最终都能归到某种有形或无形的"产品"上。设计师应根据色彩的情感特征和象征意义，与产品的功能或行业属性进行匹配，唤起人们对产品的兴趣，最终实现消费行为。

通常红粉色系令人感到热情、奔放、可爱、有活力，因此多用于年轻、时尚的女性产品设计；橙黄色系令人感到温暖、活泼、有食欲，因此多用于饮食行业的宣传设计；蓝绿色系令人感到清爽、凉快和理性感，因此多用于饮品、科技和医疗行业等的设计；紫色系显得高贵、性感和神秘，因此常用于化妆品、珠宝和女性内衣等产品的设计中。总之，色彩的种类多种多样，在设计中灵活运用才能发挥出色彩的实际作用。

这是一张女性化妆品的宣传海报。版面以红色为主，以少量的黑色和白色为辅。红色是口红的固有色，版面以红色为主色调，既能彰显产品的固有属性，又能激发女性的购买欲望。

这是一张珠宝宣传海报，版面配色以紫色为主。紫色是一种神秘而高贵的色彩，能使人们感到浪漫。因此，为烘托珠宝的珍贵和爱情的浪漫，紫色是极佳的选择。

# 7.6.2 依据消费群体进行色彩搭配

消费者的年龄、性别和职业等因素会影响消费行为。颜色作为最先被感知的设计因素，对消费行为有很大的影响。因此，设计师应该针对不同的消费人群有目的地进行色彩搭配，这样才能有效抓住消费者的心理，并激起消费者的购买欲。

通常儿童喜欢纯度较高、对比强烈的色彩，因此孕婴和儿童刊物多用活泼、明快的颜色进行搭配；青年人朝气蓬勃，思想积极活跃，容易接受一些新颖、时尚、富有创意的事物，因此在为青年群体设计刊物时，可以多采用一些大胆、张扬、富有个性的颜色；中年人的社会阅历较为丰富，为表达庄重、沉稳和内敛等性格特征，可以用一些明度和纯度较低的颜色进行搭配；老年人大多喜欢朴素、安静与平和的色彩，不易接受过于强烈的色彩搭配，所以在设计时，应该采用低明度和低纯度的色彩，并且色彩的数量不宜过多。

这是一个儿童写真馆的网站界面。界面以高明度的浅黄、浅粉和浅蓝色为主，给人一种活泼、明快的视觉感受。这类颜色搭配能精准定位产品服务人群的喜好，相信无论是儿童还是家长，看到该网站后都能产生消费冲动。

这是一个时装周的宣传网站界面。界面主要通过大面积留白表达简约、时尚的时装风格，整体配色以低调、内敛的中性灰和灰蓝色进行搭配，充分体现了青年群体沉稳又略带张扬的个性。

这是一个中老年群体的购物网站界面。界面以低明度和低纯度的高级灰为主色调，整个版面没有运用跳跃感较强的颜色，准确体现出了中老年群体喜好的沉稳、朴素的风格。

# 7.6.3 依据设计主题进行色彩搭配

在版式设计中，色彩搭配不能脱离主题，应该始终围绕设计主题进行搭配。色彩能将版面风格和设计主题第一时间传递给人们。正确的色彩搭配能强化设计主题，而错误的色彩搭配不仅影响版面的视觉效果，还会对品牌宣传起到负面作用。因此，在为版面进行色彩搭配时，设计师一定要充分理解设计主题，找出与主题契合的色彩关系，令读者可以产生心理上的共鸣，从而达到宣传的目的。

这是一张环境保护宣传海报。版面构图以上下对称型为主，蓝色象征着清新的空气，土黄色象征着大气污染，在视觉上和认知上形成强烈的冲突，充分表达出保护环境的重要性。

这是一张电影宣传海报。版面构图以上下分割型为主，使用一黑一白对比非常强烈的撞色，简单而有力地烘托出电影的主题。在版面中，设计师刻意用少量的红色进行点缀，能给人心理上造成恐惧感，隐喻了具有危机感的电影主题。

这是一个宠物网站的首页设计。设计师运用同一色系的邻近色进行色彩搭配，使版面视觉效果温馨、柔和，与宠物猫温顺、乖巧的习性吻合。

这是一组太阳镜的宣传海报。版面配色运用柔和的冷暖色调烘托出时尚、热情和清爽等心理感受。在色彩的明度和纯度方面，这4张海报形成高度统一。总之，在色彩运用上，这组海报做到了"统一当中有变化，变化当中求统一"的效果。

# 第 8 章

# 平 面 设 计
## 商业项目解析

08

# 8.1 海报设计

在平面设计中，海报是一种非常重要的宣传方式。海报设计凭借丰富的艺术表现方式和醒目的视觉效果快速吸引人们的视线。海报设计要求图文信息简洁、清晰，并且通过合理的编排使版面具有强烈的艺术感染力和视觉冲击力，给人留下深刻的印象。

海报又名招贴，英文名称是 Poster，它是一种适合在公共场合以张贴方式进行宣传的平面广告。根据广告性质和宣传目的，海报可以分为公益海报和商业海报两大类。海报深受大众喜爱，它具有受众广泛、制作便捷、成本低廉和时效性强等特点。优秀的海报设计不仅具有较高的实用价值，还具有一定的收藏价值。

在设计海报时，设计师要时刻把握好版面的形、色、质，灵活运用多种版式和形式美法则规划图文信息的主次关系、逻辑顺序，保证版面中的图形、文字、色彩与设计理念和情感诉求高度统一。因为海报具有一定的远视特征，所以要将重点图文信息进行突出展示，以降低人们对信息的理解成本，实现海报瞬时传递的功能性。

随着社会和传播媒介的发展，互联网技术已经日渐成熟。在网页设计中，最常见的Banner 图和商品详情页也属于海报设计。如今时间碎片化非常严重，人们在浏览网站时基本都是扫读，因此设计网页海报时要明显体现出时效性。一张广告图在用户眼前只会停留两秒钟，这短暂的两秒钟被业界誉为"黄金两秒"，因此网页设计中的广告图需要第一时间吸引用户的视线。

# 8.1.1　海报的特性

· **识别性**

　　因为海报张贴的环境复杂，所以对识别性要求较高。海报的尺寸比较大，远视性较强，需要通过艺术表现方式来拉近海报与受众之间的距离。在设计海报的版式时，要注意文字与图形的大小关系、位置关系和色彩关系，从而增强海报的识别性，使其成为人们的视觉焦点。

· **艺术性**

　　海报的表现形式多种多样，艺术表现力也非常强，因此能带给人们深刻的印象和美的享受。在设计海报时，设计师不仅要注重传递信息的功用性，还要根据设计主题发挥想象力，设计出鲜明、独特的作品。优秀的海报不仅能够使人赏心悦目，还能在情感上与受众进行交流，在心灵上形成共鸣。

· **广泛性**

　　海报的用途非常广泛，它不仅适用于商业宣传，还适用于公益宣传。海报主要以图文结合的方式进行宣传，能够打破地域、性别、年龄和文化等因素的限制，因此受众人群非常广泛。海报的应用场所受到的限制较小，一般主要分布在大街小巷、车站、码头、公园、歌舞剧院和展览会等公共场所。

# 8.1.2　海报的常见尺寸

　　海报的常用尺寸有300mm×420mm、420mm×570mm、500mm×700mm、570mm×840mm、600mm×900mm、700mm×1000mm和900mm×1200mm。这只是海报的常用尺寸，但并非绝对。在工作中，需要根据实际的设计需求来设定海报的开本，而这些设计需求可能会受到环境、客户需求和印刷制版等因素的限制。在设定海报尺寸时，还要考虑制作成本。海报尺寸并非越大越好，尺寸越大，制版印刷费用越高。因此，在设计前要综合考虑海报的使用环境和开本大小等因素。

# 8.1.3 商业项目分析

| 项目名称 | 个人雕塑展海报设计 | |
|---|---|---|
| 设计需求 | 将本次雕塑展的主要展品和主题突出表达 | |
| 目标受众 | 本次参展艺术家、艺术爱好者 | |
| 设计规格 | 尺寸 | 210mm×285mm |
| | 分辨率 | 300dpi |
| | 颜色模式 | CMYK |
| | 出血 | 3mm |
| | 印刷方式 | 四色印刷 |
| | 材质工艺 | 200g铜版纸、覆亮膜 |
| | 投放方式 | 张贴 |

## 1. 修改前

## · 设计缺点

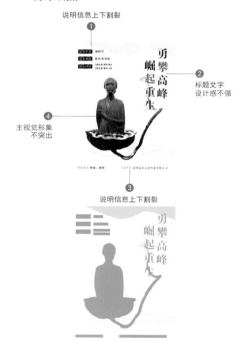

## · 设计点评

　　修改前，版面存在的最大问题是信息元素之间割裂感太强，无法聚焦人们的视线；其次是标题文字与雕塑所占的比例相近，没有主次之分。展会相关信息被拆分，并且分布在版面的上下留白位置，这导致信息传递出现断层。标题字体虽然使用了具有中国风的宋体，但只排布在版面的右上角，没有进行细化设计，字体看上去缺乏设计感，略显呆板。

## 2. 修改后

· **修改要点**

标题文字竖向布局

大面积留白

雕塑位于
版面右下角

主题元素

■ C0，M0，Y0，K100　　■ C70，M60，Y60，K20　　■ C40，M50，Y60，K0　　□ C5，M5，Y5，K0

---

### Tips

　　无论是工业设计、室内设计、服装设计、平面设计，还是网页设计，任何设计作品都离不开形、色、质这3个方面。设计师在评审一个作品时往往也是从这3个方面进行考量。形，可以指立体的造型，也可以指平面作品中的版式；色，指色彩搭配；质，在三维立体设计作品中指作品的质感，在二维平面作品中指设计风格和基调。

---

· **设计点评**

　　修改后，文字与雕塑采用对角线布局，并且分别排布在版面的左上角和右下角的黄金分割点位置，两者建立视觉平衡，相互呼应。竖向排列的标题文字使版面更立体、饱满，应用恰当的字体充分表达了"攀登"和"崛起"的含义。版面整体色调依然采用中性灰作为主色调，大面积留白充分表达出空灵的意境。合理运用与传统文化相关的设计元素来升华主题，使整体版面富有强烈的艺术感。调整图文等视觉元素的大小和位置关系，使版面具有一定的层次感。

- **设计欣赏**

# 8.2  DM 单设计

在日常生活中，DM 单是一种常见的宣传方式。DM 单有针对性较强、制作成本较低和设计灵活等特点，因此被广泛使用。在设计 DM 单的版式时，设计师应重点突出它的实用性和趣味性，用强有力的设计语言将商品信息传递给目标人群。

DM 是英文 Direct Mail advertising 的简略表述，译为"直接邮寄广告"或"印刷品直递广告"。DM 单的核心优势是将广告信息通过邮递或派送的方式免费发放到目标受众的手中，有别于电视、广播、互联网和其他广告媒体。

DM 单有目标人群明确、信息传播速度快、作用时效长、传阅率高和版面灵活等优点，在线下实体店推广业务和提升品牌影响力等方面发挥着强大的作用。DM 单常见于商超、餐饮和美容美发等实体店。

## 8.2.1  DM 单的特性

- **针对性**

DM 单的发放形式有别于其他广告媒体。DM 单通过人工投递或邮寄的方式直接发放给目标受众，因此针对性较强，能够使广告效果最大化，减少资源浪费。

- **灵活性**

DM 单可以自由设定形状、大小、重量、印刷工艺、派发时间和覆盖地区等，与其他广告媒介相比更灵活。另外，DM 单的文案、图片素材和设计风格比较灵活。在保证信息能够传递的前提下，设计师可以自由发挥创造力，抓住受众的购买心理，从而促成消费行为。

- **预测性**

在设计 DM 单前，根据受众和发放途径可以先预测设计样式和发放数量。DM 单在发放后可以根据反馈数据进行分析，广告主可以通过真实有效的反馈数据制订接下来的商业计划并进行商品调配，这有利于商家与受众之间进行信息沟通。

## 8.2.2　DM 单的常见尺寸

DM 单设计灵活性较强，因此尺寸也多种多样。常见的 DM 单尺寸一般是大 16 开或大 32 开。开本太小不利于信息的展示；开本太大不便于派发和邮寄，还会增加制作成本。因此，在设计和规划 DM 单时，设计师要从实用性和成本这两个方面进行综合考虑。

## 8.2.3　商业项目分析

| 项目名称 | 赏花季鲜花博览会DM单 | | |
| --- | --- | --- | --- |
| 设计需求 | DM单的正面需要体现出鲜花博览会的主题名称和相关介绍，视觉风格要求现代、简约。DM单的背面需要将本次博览会的详细信息进行展示说明 | | |
| 目标受众 | 社会大众 | | |
| 设计规格 | 尺寸 | 120mm×180mm | |
| | 分辨率 | 300dpi | |
| | 颜色模式 | CMYK | |
| | 出血 | 3mm | |
| | 印刷方式 | 四色印刷 | |
| | 材质工艺 | 200g铜版纸、覆亮膜 | |
| | 投放方式 | 派发 | |

## 1. 修改前

- **设计缺点**

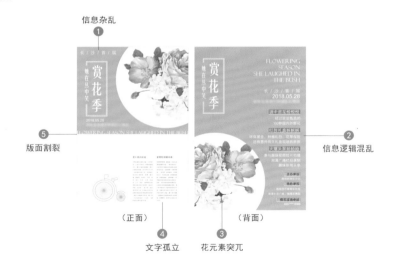

- **设计点评**

　　修改前，DM 单正面的主要问题是版面上下一分为二，整体性欠佳；版面上半部分信息杂乱，美感不强；版面下半部分的文字信息留白较多，显得十分孤立。DM 单背面的主要问题是文字信息逻辑混乱，与标题相关的信息被拆分。此外，对于版面来说，背面的花元素过于突兀，削弱了主题信息。

## 2. 修改后

■ C100, M90, Y50, K10　　■ C20, M100, Y10, K0　　□ C0, M15, Y90, K0

· **修改要点**

花元素位置合理 ❶

大面积留白 ❹

❷ 信息右对齐

（正面）　　（背面）

❸ 标题区块化

· **设计点评**

　　修改后，正面将花元素安排在版面的右上角，与底部文字形成上下呼应的视觉效果；文字信息部分区块化处理，整体性变强；中间留白区域为版面增加了透气性与艺术感。背面采用了对角线的构图方式，文字右对齐与花元素形成呼应，左下角的主题文字起到了平衡版面的作用。在配色方面，将背景色改为蓝紫色，象征着浓郁的花香和神秘感，并通过其他图文信息进行衬托，使主要内容更突出。

# 8.3 画册设计

  画册是宣传企业文化、企业商品和企业理念的理想方式，简练的文字和精美的图片能够生动地向大众传递信息，给人留下深刻的印象。设计师在设计画册时，应该从企业文化、产品属性和人文环境等方面入手，提炼设计灵感，寻找恰当的表现方式。

  画册是一种具有连贯性和整体性的综合设计刊物。与其他传播媒介相比，画册的内容高度完整、统一，并且通过连贯的多页面进行全方位展示。画册设计要求具有较高的创意美感和视觉感染力，能够真实、准确地向外传递信息，并且提升品牌的影响力。

## 8.3.1  画册的特性

- **整体性**

  画册是一种多页面展示的印刷刊物，应该具有高度的完整性和统一性。在设计画册的版式时，设计师应该从整体性角度出发，统一规划出所有页面的布局风格，避免页面之间存在图形、字体和颜色等差异，做到内容和风格高度统一。

- **功用性**

  所有的设计作品都具备向外传递信息的功能。画册能够真实地反映出产品的功能属性、企业的文化理念和个人团体的情感，在视觉和心灵上建立起企业与受众之间的联系。印刷精美的画册不仅能有效提高品牌的竞争力，还能促进产品的推广与销售，增加产品的附加值。

- **艺术性**

对于优秀的画册，艺术美是其外在的表现形式，创意是其内在的灵魂。画册的设计风格可以根据企业文化、产品属性和情感理念进行设定，可以是简约大气的，也可以是朴实低调的，其艺术表现形式丰富多样。

# 8.3.2 画册的常见尺寸

画册印刷工艺多种多样，尺寸大小千变万化，但无论选择何种开本尺寸都应该与画册本身的基调保持一致。画册的常规尺寸主要有以下几种。

| 型号 | 尺寸 | 特点 |
|------|------|------|
| A5 | 148mm×210mm | 尺寸较小，适合产品说明书等类型的画册 |
| B4 | 250mm×353mm | 适合中小尺寸的画册 |
| A4 | 210mm×297mm | 适合各种类型的书刊和画册 |
| A3 | 297mm×420mm | 一般用于展示高档产品或特殊产品的画册，通常不会进行批量印刷 |

以上画册尺寸并非绝对的，可以根据实际需求与印刷厂联系进行特殊定制，但要考虑纸张的裁切方式和印刷成本，避免纸张浪费。

画册的常用印刷纸张为铜版纸，常用的克重有 80g、105g、128g、157g、200g、250g、300g 和 350g。铜版纸为平板纸，整张尺寸有 787mm×1092mm 和 880mm×1230mm 两种规格。画册偶尔会用到一些特殊纸张，如亚粉纸、双胶纸、珠光纸和硫酸纸等。

**Tips**

纸张的克重是指每平方米纸张的重量，例如，80g 是指每平方米纸的克重为 80g。克重越高，纸张越厚。

# 8.3.3 商业项目分析

| 项目名称 | 《生活简约不简单》家装主题宣传画册 | |
|---|---|---|
| 设计需求 | 将公司的设计理念、企业文化和部分设计案例重点展现，设计风格要求简约、大气，并且符合现代家装设计风格 | |
| 目标受众 | 有家装需求的访客、公司内部人员 | |
| 设计规格 | 尺寸 | 266mm×150mm |
| | 分辨率 | 300dpi |
| | 颜色模式 | CMYK |
| | 出血 | 3mm |
| | 印刷方式 | 四色印刷 |
| | 材质工艺 | 250g铜版纸、覆亚光膜 |
| | 投放方式 | 陈列展示 |

## 1. 修改前

· **设计缺点**

· **设计点评**

　　修改前，版面采用了大图版率方式进行构图，视野非常开阔、大气，但版面空间留白不足，会令人感到不透气。画册的标题信息虽然使用了垫色处理，但依然没有与背景图片区分开，导致主题不突出。企业信息部分的逻辑结构严重割裂，并且信息居中对齐使艺术性大打折扣。

## 2. 修改后

C90, M60, Y60, K30　■ C0, M0, Y0, K90　■ C0, M0, Y0, K50

· **修改要点**

· **设计点评**

　　修改后，将背景图重新裁切，加大版面的留白区域，使版面在视觉上更加清新、透气，并且与画册内页风格保持高度统一，选用偏中性的高级灰色调，使版面的整体效果更加高级、雅致。将画册主题文字与背景图分离，并且独占一部分留白空间，使其更加突出、醒目。左上角的企业信息保持竖向排版，与版面的横向布局形成方向对比，选择有格调的字体使版面更加精致，为文字进行垫色处理，使文字更加清晰、明显。采用墨绿色作为画册的主色调，表达出"绿色环保"的企业理念。

01／ 关于设计
ABOUT DESIGN

02／ 视觉设计
VISUAL DESIGN

03／ 效果展示
RESULTS DISPLAY

04／ 设计理念
DESIGN CONCEPT

05／ 人本主义
HUMANISM

目 录
CONTENTS

---

环形灯　　　　鸭嘴灯
RING LAMP　　DUCKBILL LAMP

斯卡道纳灯　　盘灯
SCARDINA LAMP　BLOCK LAMP

关 于 设 计
ABOUT DESIGN

室内装饰风格是以不同的文化背景及不同的地域
特色作性依据。通过各种设计元素来营造一种特有
的装饰风格。随着设计师根据市场规律总结而提
出的轻装修重装饰的理念，风格多在软装上来体现。

---

视 觉 设 计
VISUAL DESIGN

设计是有生命的。一个好的空间的设
计，是设计师的情感倾诉。室内设计
将减少繁杂堆砌的装饰手法，更多的
是对功能、空间的理解和精神层面的
思考。随着现代科技的发展，完全可
以在室内设计中采用一切现代科技手
段，实现高速度、高效率，创造出让
人们赞叹的居住空间。

◦标新立异
◦打破规则
◦突破创新

→　在住宅中创造田园的舒适气
氛，强调自然色彩和天然材料
的应用，采用许多民间艺术手
法和风格。

软装设计
SOFT DESIGN

墙面设计
GROUND DESIGN

台面设计
MESA DESIGN

氛围设计
ATMOSPHERE DESIGN

## 成果展示
RESULTS DISPLAY

## 设计理念
DESIGN CONCEPT

钟爱新材料、新技术加上光影的无穷变化，追求无常规的空间编构，大胆鲜明对比强烈的色彩布置，以及刚柔开单的材料搭配。夸张、怪异、另类的直觉只是其中的部分，更重着的是看过意色彩的对比，注重材料类别和质地。

## 人本主义
HUMANISM

"当我看着这个世界时，我是悲观主义者；当我审视这世界的人们时，我是乐观主义者。" — 罗杰斯

文艺清新的家居设计，简约大气，融合现代元素的设计

配合实木家具，让经典的美国家居格呼之欲出。

采用了玻璃作为装饰材料，增加了视觉面积和空间的通透感

# 8.4 杂志设计

在传统刊物中，杂志占据着举足轻重的地位。杂志不仅蕴涵着丰富的文化内涵和专业知识，还具备一定的审美情趣和人文情感，因此能够丰富人们的情感生活和提升审美水平等。因为杂志包含的信息十分丰富，所以在设计杂志类版面时，设计师一定要注意内容之间的连贯性和内容的相对独立性。

"杂"是指内容丰富多样，"志"是指记载、记录。杂志是多种信息的载体和集合体，信息内容可以具有一定的独立性。杂志同样是一种多页面结构的印刷刊物。杂志又称期刊，常见的有月刊、季刊和年刊等。杂志的种类繁多，影响力较大，有一定的精准受众。杂志的尺寸、风格和材质等因素决定了它的定位和品质。

杂志设计的重点在于封面和内页的版式设计。封面体现了杂志的定位，封面上的刊名和信息主题要突出明确、主次分明，具备高度的内容凝集力和视觉传达力。内页版式设计需要信息层级分明，视线的移动顺序清晰，内容易读，能够使读者长期保持新鲜感，继而产生持续阅读的情感诉求。

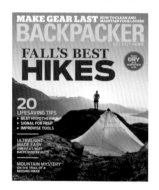

## 8.4.1 杂志的特性

**· 知识性**

与海报、画册和 DM 单等传播媒介相比，杂志最大的不同在于具有一定的知识性。杂志内容涉猎广泛，专业性强，人们通过杂志可以了解各种专业知识。例如，人们可从摄影杂志中了解摄影技巧或专业设备知识，从旅游杂志中了解一个地区的地域文化，以及从运动杂志中了解科学专业的健身方法等。

**· 观赏性**

优秀的杂志观赏性很强，具有印刷精美、版面灵活、色彩搭配精致、图片质量较高等特点，能够真实还原商品或人物的形象，增强版面的视觉感染力，激发受众的购买欲或阅读欲。

- **收藏性**

与电视、广播和互联网等传播媒介相比，杂志的生命周期更长，读者不受时间和地域的限制，可以反复阅读、欣赏，从而加深对信息的理解和记忆。因为杂志具有高度的艺术性和观赏性，所以还具有一定的收藏价值，这对于一些收藏爱好者而言是一个不错的选择。

# 8.4.2　杂志的常见尺寸

杂志的尺寸一般为16开。16开纸一般分为两种：一种是210mm×285mm的大16开，另一种是185mm×260mm的正16开。目前，市面上最常见的尺寸是210mm×285mm。当然，随着时代的进步，杂志的开本更趋于多样化了。

在考虑使用何种开本进行展示时，设计师一定要综合考虑杂志的便携性和经济性。杂志尺寸太大、分量太重，则不易携带，并且印刷成本会增加；杂志尺寸太小，信息不易展示，视觉效果显得小气，会降低杂志的品质。

正16开　　　大16开

# 8.4.3　商业项目分析

▼

| 项目名称 | 《家装客》杂志设计 | |
|---|---|---|
| 设计需求 | 能够体现出家装行业的特有气质。版面要简约、大气，富有新意，并且与其他同类竞品有所区别，树立自己的品牌风格 | |
| 目标受众 | 新房和二手房装修人群、家装设计师、设计爱好者 | |
| 设计规格 | 尺寸 | 210mm×285mm |
| | 分辨率 | 300dpi |
| | 颜色模式 | CMYK |
| | 出血 | 3mm |
| | 印刷方式 | 四色印刷 |
| | 材质工艺 | 157g铜版纸、覆亮膜 |
| | 投放方式 | 零售 |

## 1. 修改前

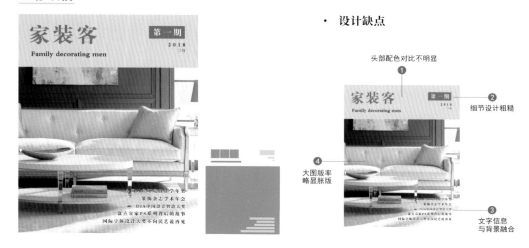

· **设计缺点**

头部配色对比不明显

细节设计粗糙

大图版率略显胀版

文字信息与背景融合

· **设计点评**

修改前，杂志的头部区域采用了相近的色调搭配，导致杂志名称的识别性较弱。同时，头部信息缺乏细节，略显粗糙。版面中部和下部采用了图片局部出血效果，其图版率约为80%，略微出现了胀版效果，导致版面沉闷、不透气。另外，右下角的文字信息受背景图片影响，识别性较弱。

## 2. 修改后

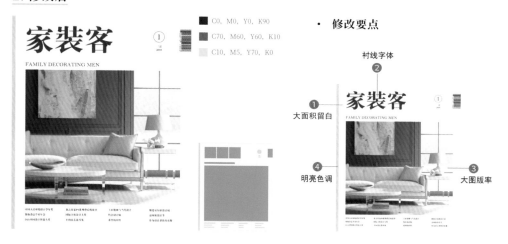

C0, M0, Y0, K90

C70, M60, Y60, K10

C10, M5, Y70, K0

· **修改要点**

衬线字体

大面积留白

明亮色调

大图版率

· **设计点评**

修改后，杂志封面简约、大气，大面积留白使版面更透气，烘托出杂志的高端气质。杂志名称采用衬线字体，显得突出、醒目，识别性较强，能够表现杂志的高端定位。杂志内容以图例展示和信息说明为主，因此封面以重要图例作为展示。封面的图版率约为60%。版面整体色调倾向于中性的灰色调，并通过少量的黄色加以点缀，将舒适、典雅的视觉效果加以升华。

## · 设计欣赏

广告及目录

内文页面

# 8.5 包装设计

在商品销售与流通的过程中，包装与商品本身是一个整体，且包装起到了非常重要的作用。包装的主要功能是保护商品不受外力损坏，方便运输和携带，美化、宣传商品信息，提升商品的附加值和促进销售等。

远古时代，人们用树叶、贝壳和兽皮等包裹物品。如今，人们用木材、纸张、塑料、陶瓷、金属或玻璃等作为包装的主要材料。针对不同的受众群体和市场定位，并结合产品的结构特性选用合适的材料，通过合理的排版设计和加工工艺，美化和装饰商品的包装，这就是包装设计的要点。商品的外包装与消费者的距离最近，能直接影响消费者的购买心理，激发消费者的购买欲，因此企业和设计师都高度重视包装设计。

包装的种类丰富多样，按照包装的材料可以分为纸制品包装、木制品包装、金属容器包装、玻璃容器包装和塑料包装等；按包装形式又可以分为包装箱、包装盒、包装袋、包装瓶、包装罐和包装管等。

## 8.5.1 包装的特性

- **功能性**

商品从出厂直至到消费者手中，包装的主要功能是避免商品在这个过程中受到污染、渗漏、挥发和碰撞等损伤，为商品的销售和流通提供便利。在设计商品的外包装时，设计师应该充分考虑各种因素，利用人性化的设计理念和科学合理的力学原理进行设计，充分发挥包装对商品的保护作用。

- **识别性**

包装的识别性决定着商品能否从琳琅满目的货架上脱颖而出，吸引消费者的关注，实现消费行为。商品包装的版面不会太大，因此设计师要注意图文信息的主次关系，着重突出商品的名称和特点。如果有商品图像，包装设计时还应该对图像进行重点展示，使消费者看一眼就能知道包装内的商品和商品卖点。

- **商业性**

包装作为商品的外部展示，其视觉设计和质感表达不仅能够决定商品的定位，还能提升商品的附加值。总之，商品包装既能增强企业的品牌影响力，又能达到赢利的目的。

# 8.5.2 包装的常见尺寸

商品的种类多种多样，因此包装的尺寸是不固定的。在为商品设计包装时，设计师应该根据商品的实际大小、收纳方式、包装材质和有无填充材料等因素进行综合考虑，从而计算出正确的包装尺寸。

# 8.5.3 商业项目分析

| 项目名称 | | 兜兜贝比系列包装 |
| --- | --- | --- |
| 设计需求 | | 根据商家提供的Logo进行包装配色和风格设计，要体现出产品高端、低幼的特点 |
| 目标受众 | | 宝妈、月嫂、幼师、营养医生 |
| 设计规格 | 尺寸 | 125mm×140mm |
| | 分辨率 | 300dpi |
| | 颜色模式 | CMYK |
| | 印刷方式 | 多色印刷 |
| | 材质工艺 | 双拉薄膜BOPA |
| | 投放方式 | 货架展示 |

## 1. 修改前

- **设计缺点**

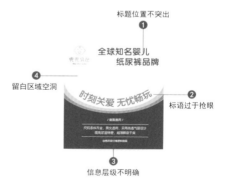

- **设计点评**

修改前，标题排布在版面的右上角，容易被受众忽略，而标语排布在版面重心位置，并且字号大于标题，这使视觉的逻辑顺序本末倒置。版面下半部分的文字信息区域层级不明确，可以通过调整字号或颜色进行区分。在视觉上，版面中部和上部的留白区域不协调，略显空洞。

## 2. 修改后

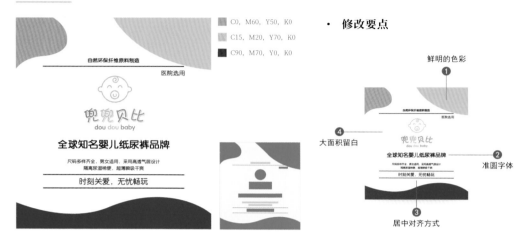

**· 修改要点**

① 鲜明的色彩

④ 大面积留白

② 准圆字体

③ 居中对齐方式

**· 设计点评**

　　修改后，版式主要采用了元素居中对齐的方式，主视觉区域将线条作为版面的骨骼进行支撑，使版面平衡、稳重。在结构上，版面采用大面积留白，营造出产品的高端气质；在颜色运用上，版面主要使用了 Logo 的 3 种主色作为点缀，突出婴幼儿产品的定位。文字信息选用了准圆字体，圆润的字体笔画表达出对婴幼儿的关爱。与修改前的版面相比，修改后的版面整体效果更精致、灵活，符合婴幼儿的天性。

**· 设计欣赏**

高保真效果

瓶身包装效果

# 第 9 章

# 网页 / App 设计

## 商业项目解析

# 9.1 网页界面设计

　　随着科学技术的不断发展，互联网技术日趋成熟。网页作为互联网传播的重要手段之一，在人们的生活和工作中起到非常重要的作用。与传统的平面刊物和电视广播媒体相比，网站不仅有信息发布及时、交互性好和传播范围广等特点，还突破了时间、地域和文化的限制。

　　在有限的屏幕范围内，遵循一定的艺术设计规律，将网页中的文字、图像、视频和音频等多媒体信息进行编排，从而起到信息传递的作用，这就是网页界面设计。与传统媒介相比，网页设计同样注重视觉效果，通过组织和布局设计元素，为用户提供方便、快捷的网页界面，同时也给用户带来精神享受。

## 9.1.1 网页界面设计的特性

### ·交互性

　　与传统媒介相比，网页的特点是其具有交互性。传统媒介向外界单向地传递信息，人们接收信息的方式是被动的。而网页能方便、快捷地向外传递信息，人们能主动或有选择地获取信息。随着互联网技术的开放性越来越强，用户渐渐成了信息的创作者和发布者，提升了人们的参与感和网页的趣味性，网页设计已经走向了"人人都是自媒体"的时代。

- **多维性**

 与传统媒介相比，网页不仅包含图片和文字，还包含视频和音频等多媒体元素。这大大丰富了网页的表现力，提高了用户活跃度，使人们对信息的理解更深刻，有效改善了人机交互的体验感，使信息能够全方位呈现和传递。

- **时效性**

 与传统媒介相比，网页的时效性有其特点。网页上的图文信息可以做到随时随地更新与修改，而传统设计刊物做不到这一点。另外，网页传播速度很快，基本不受时间和地域的限制，能够真正做到瞬时性传播。总之，网页信息灵活度较高，企业和个人可以根据实际需求，在任何时间、任何地点对网页的内容进行更新迭代。

# 9.1.2 网页界面的构成要素

 任何网站都是由若干张网页构成的，而每张网页又由一些基本界面元素组成，主要包含网站Logo、导航/菜单、Banner、主视觉信息区域和Footer（页脚）等元素。

 **网站 Logo：** 在网站的头部位置，通常标有网站的名称或 Logo，主要用来宣传网站，体现网站的定位。

 **导航/菜单：** 导航/菜单对一个网站来说至关重要，因为它们是用户访问网站的地图和向导。清晰的导航/菜单能够表明网站的界面功能和逻辑结构，用户通过导航/菜单能够轻松、快捷地进入想要访问的界面。

 **Banner：** Banner 是网站实现盈利的地方，主要用来展示广告，一般位于网站的头部或侧边栏，但由于界面布局日渐多样化，Banner 的位置已经不再固定。Banner 主要由静态图片、动态视频或Flash 动画组成，通过醒目的表达方式吸引用户单击，从而达到消费的目的。

**主视觉信息区域：** 主视觉信息区域是网站信息的主要展示区，通常位于网站界面的中间位置，主要由文字、图片、视频和音频等多媒体内容构成，是用户主要浏览的信息区域。

**Footer：** Footer 通常位于网页的底部，主要由网站版权、备案信息、友情链接和快速导航等信息元素组成。

# 9.1.3　网页界面的常见尺寸

网页界面尺寸没有固定的大小，其界面宽度主要与显示器或分辨率有关，并且界面的高度不作限制。在设计界面时，应该根据实际需求和设计风格综合考虑。下面只列举了几种常见的分辨率和主视觉区域大小，其中的单位为 px。

| 主视觉宽度 980 | 主视觉宽度 1000 | 主视觉宽度 1000 | 主视觉宽度 1000 | 主视觉宽度 1000 | 主视觉宽度 1000 | 主视觉宽度 1200 |
|---|---|---|---|---|---|---|
| 1024×768 | 1280×800 | 1280×1024 | 1366×768 | 1440×900 | 1600×900 | 1920×1080 |

> **Tips**
>
> 分辨率是显示器的像素点数，一般描述为屏幕的宽 × 高，1024px × 768px 表示该屏幕的宽度为 1024 个像素，高度为 768 个像素。

# 9.1.4　网页界面的常见结构

互联网是可交互的，受浏览器和分辨率等因素的制约，网页的界面结构和布局与传统版面存在很大的差异。网页的界面结构大致分为 4 种类型，分别是口字型、C 字型、满底型和瀑布型。

## · 口字型

口字型界面结构又称全包围结构，界面四周由 Header（头信息）、侧边栏、功能栏和 Footer 组成。位于界面中间的主视觉区域的版面形式多种多样，主要根据具体的图文信息进行布局设计。口字型的界面结构不但能够保证完整的界面功能，而且在视觉上更显平衡、稳定。口字型界面通常适用于内容展示型和娱乐社交型网站。

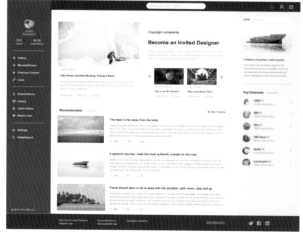

## · C字型

C字型界面结构又称半包围结构，界面主要由 Header、侧边栏和 Footer 组成。因为缺少功能栏，所以主视觉区域更大，并且能容纳更多的图文信息，在视觉上也更流畅、开阔。通常 C字型界面结构适用于电商功能型和内容展示型网站。

## · 满底型

满底型界面结构与平面设计中的满版型布局相同，整个界面由一张整图作为背景。在网页设计时，通常将整张图铺满第一屏，弱化导航／菜单等功能信息，从而保证视觉上的完整性。满底型页面结构不适合具有大量图文信息的网站，它主要适用于理念表达型网站，主要优势是给人开阔、大气的视觉印象。

## · 瀑布型

近年来，瀑布型界面结构是比较流行的新式界面结构。界面上的图文信息以中轴为基准从上到下进行对称布局，在视觉上犹如瀑布一倾而下。瀑布型界面结构令人感到温馨与活泼，适合企业和个人宣传网站。

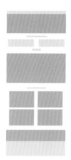

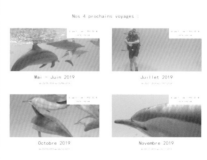

# 9.1.5 商业项目分析

| 项目名称 | 家装设计帮网页设计 | |
|---|---|---|
| 设计需求 | 版面简约大气，并且符合家装品牌的市场定位，凸显出核心产品和服务优势 | |
| 目标受众 | 需要装修的业主、家装设计师、设计爱好者 | |
| 设计规格 | 尺寸 | 宽：3200px  高：不限 |
| | 主视觉宽度 | 2614px |
| | 分辨率 | 72ppi |
| | 颜色模式 | RGB |

## 1. 修改前

## · 设计缺点

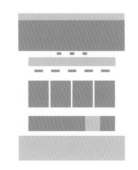

- 导航割裂感较强
- Banner不突出
- 区块空间感不强
- 网页导航主次关系不明确
- 产品展示局促
- 图标与整体风格不协调
- 信息逻辑混乱
- Footer信息关系混乱

## · 设计点评

修改前，导航与界面整体存在严重的割裂感，将界面头部割裂成两部分，整体性欠佳。主 Banner 设计高度略小，显得不够美观、大气，没有发挥出 Banner 背景图片的超广角优势。筛选功能模块略显扁平，整体界面缺少层次感。网页导航主次关系不明确，切换效果不明显。服务优势板块采用了左右结构布局，信息逻辑关系混乱，并且图标样式与整体界面的设计风格不符。Footer 信息量较大，信息主次关系颠倒。

## 2. 修改后

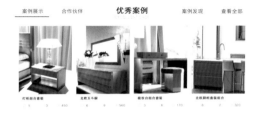

■ R22, G58, B90　　■ R238, G117, B24　　■ R160, G160, B160

- ### 修改要点

① 导航沉浸式设计

② 扩大 Banner 高度

③ 增强层级空间感

④ 导航标签样式优化

⑤ 扩展产品展示高度

⑥ 主副标题居中对齐

⑦ 图标优化设计

⑧ Footer结构优化

- ### 设计点评

　　修改后，导航采用沉浸式设计，与主 Banner 融为一体，视觉更开阔、大气，整体感较强，并且符合当下的设计风格。缩小筛选功能区域的整体宽度，增加投影效果，强化立体感和层次感。导航标签重新进行优化设计，凸显当前选中状态，同时扩大产品展示区域的高度，最大化展示产品的造型。服务优势板块采用居中对齐的排版方式，主次关系清晰明确。图标重新进行优化设计，并且采用了企业 Logo 的主色。Footer 信息区域左右调换，将常用的快速导航排布在 Footer 的左侧，将企业 Logo 等信息排布在右侧。

# 9.2 移动 App 界面设计

随着移动互联网技术的不断发展，智能手机已经成为各种信息传播的主流媒介。移动 App 界面设计是人与机器沟通的重要途径，在有限的空间里将艺术与人机交互完美结合，这是移动 App 界面设计时的重点和难点。

App 是指在智能手机、平板电脑或其他移动设备上运行的应用程序。移动 App 界面设计需要结合美学法则和人机交互原理，而良好的 App 界面设计可以改善用户的体验感，增强用户对品牌的依赖感和信任感。

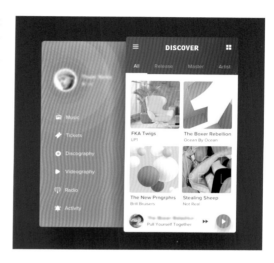

## 9.2.1 移动 App 界面设计的特性

- **交互性**

移动 App 界面比网页界面的交互方式更复杂，移动 App 常见的交互方式有点击、长按、拖曳和滑动等。设计移动 App 时，设计师要充分考虑人机交互的各种方式，从而设计出美观、合理的交互界面，满足人们的各种使用需求。

- **简洁性**

"方寸之间，每一像素都很珍贵！"这句话设计师要时刻谨记。设计时，一定要充分利用有限的屏幕空间，将 App 的核心功能和重点信息进行突出表现，降低无关信息的干扰，保证界面既简洁，又最大化利用屏幕。

- **扩展性**

因为移动 App 的界面受尺寸限制，所以各种功能和信息应该具备高度的扩展性。设计师可以将次要功能、信息进行折叠或隐藏，在需要时通过触发扩展的方式进行展示。这样不仅能够保证界面的简洁性，还能有效提高界面的交互性。

# 9.2.2  移动 App 界面的构成要素

移动 App 界面的主要视觉元素有状态栏、导航栏、标签栏、主视觉信息区域、控件和临时视图等，用户通过这几种视觉元素进行实时交互。了解和熟悉各种元素的作用可以设计出更科学合理的界面。

**状态栏**：状态栏通常位于界面最上方，主要显示系统通知、机器电量、信号强度和时间等。

**导航栏**：导航栏通常位于状态栏的下方，主要用于功能和界面层级之间的跳转、切换。

**标签栏**：标签栏通常位于界面的底部，主要用于核心模块之间的跳转和切换，可以理解为应用的全局导航。

**临时视图**：在 App 界面中，临时视图不是常驻界面，只有触发一些功能后才显示出来。临时视图主要包含警告视图、提示视图、对话视图和操作列表等。

**控件**：控件是用户与 App 进行交互的常用工具。常见的控件有页码控制器、进度指示器、刷新控件、滑动器、开关和筛选器等。

# 9.2.3  移动 App 界面的常见尺寸

随着移动互联网技术的迅猛发展，手机版本的升级与迭代日益频繁。目前手机市场主要分为两大阵营，分别是苹果的 iPhone 系列和 Android 各大厂商系列。iPhone 系列的机型相对统一、规范，屏幕大小和分辨率比较清晰明确。而 Android 系统开放性强，各大手机厂商生产出来的手机型号千差万别。下面只对 Android 手机和 iPhone 手机的分辨率做部分统计。

Android手机常见分辨率

| 清晰度 | 低清晰度 | 中清晰度 | 标准清晰度 | 高清晰度 | 超高清晰度 |
|---|---|---|---|---|---|
| 分辨率 | 240px×320px | 320px×480px | 480px×800px | 720px×1280px | 1080px×1920px |

iPhone手机常见分辨率

| 机型 | iPhone一/二/三代 | iPhone4/4S | iPhone5/5C/5S | iPhone6 | iPhone6 Plus设计版 |
|---|---|---|---|---|---|
| 分辨率 | 320px×480px | 640px×960px | 640px×1136px | 750px×1334px | 1242px×2208px |

> **Tips**
>
> 目前主要的两大操作系统是 iOS 系统和 Android 系统。iOS 是由苹果公司开发的手持设备操作系统，具有很强的稳定性和流畅性，但对应用的开发性较低；Android 是由 Google 公司主导开发的应用系统，具有强大的开放性，能够承载绝大多数 App。

# 9.2.4 移动 App 界面的常见结构

大多数 App 的界面结构大同小异，不同类型的 App 在局部展现方式上存在差别。下面只针对 App 的常见导航样式做归纳和总结。

- **标签导航**

    标签导航是目前应用极其广泛的一种导航形式。

    优点：

    （1）可见性好，位置明显，能使用户直观地了解 App 的核心功能；

    （2）操作性好，用户能在几个标签之间进行快速切换，操作简单、高效；

    （3）优先级较高，用户使用频率较高，标签彼此之间相互独立。

    缺点：

    （1）容纳个数有限，一般最多为 5 个；

    （2）占据的高度略大，一般以文字加图标的形式进行设计。

- **聚合导航**

聚合导航是底部导航的个性化展示，可以将关联性较强的一系列功能聚合在一个功能按钮中，通过点击进行扩展和收纳。

优点：

（1）主功能按钮通常位于底部中间位置，比较突出、醒目；

（2）主功能按钮可以根据需求进行扩展和隐藏，为设计增添了一些个性化亮点。

缺点：

主功能按钮并不突出，会增加用户的操作成本。

- **陈列导航**

陈列导航一般用于图片和影像等信息展示中，展现方式更直观，用户可以对内容进行预览和选择。

优点：

通过丰富的表现形式直观地展现各项内容。

缺点：

界面内容容易过多，整体会显得杂乱。

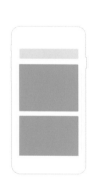

- **宫格导航**

在宫格导航中，宫格之间相互独立，每个宫格的功能没有交集，具有高内聚、低耦合的特征。

优点：

（1）扩展性好，便于组合不同的信息类型；

（2）展示的功能入口多，便于用户对产品进行全方位的了解。

缺点：

（1）宫格之间相互独立，无法跳转、互通；

（2）宫格排布过多容易使用户眼花缭乱，选择时压力较大。

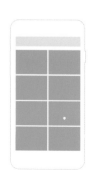

- **列表导航**

列表导航结构清晰、易于理解，能够帮助用户快速定位。它通常分为3类，分别是标题列表、内容列表和嵌入列表。

优点：

（1）条理清晰，符合人们的阅读习惯；

（2）能够帮助用户对界面进行快速定位。

缺点：

（1）结构过于呆板，设计感不强；

（2）条目太多或分布不合理会导致用户查找困难。

- **抽屉导航**

将导航隐藏在应用界面的侧边，通过滑动屏幕的方式将其拉出显示或推回隐藏，这种导航方式就是抽屉导航。

优点：

（1）节省界面展示空间；

（2）可扩展的个性化空间较大。

缺点：

（1）可见性差，用户不易发现；

（2）操作不便，体验感欠佳，需要频繁开关抽屉。

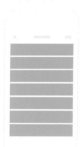

# 9.2.5　商业项目分析

| 项目名称 | 灯具 App界面设计 | | |
|---|---|---|---|
| 设计需求 | 版面需要展现出商品图片、商品名称和参数信息等，要求版面高端、大气，符合现代简约设计风格 | | |
| 目标受众 | 需要装修的业主、家装设计师、设计爱好者 | | |
| 设计规格 | 尺寸 | 750px×1620px | |
| | 主视觉宽度 | 648px | |
| | 分辨率 | 72ppi | |
| | 颜色模式 | RGB | |

# 1. 修改前

北欧风格

**卧室台灯**

可移动式通用

如果您想用家里的普通灯具和灯罩营造出均匀柔和的漫射光效果，请使用乳白色灯泡。

￥268.00

购物车

- **设计缺点**

背景图艺术感不强

信息展示不完整

信息卡片需要滑动，增加用户使用负担

卡片尺寸略小

- **设计点评**

　　修改前，背景图片占据的版面空间较大，导致底部的信息卡片被压缩，艺术性较弱。信息卡片设计成可滑动样式，无形间增加了用户的使用负担，体验感较差。信息卡片尺寸较小，导致文字信息简化，不能完整展示出商品的属性。

## 2. 修改后

- · **修改要点**

9:41

← 返回

北欧风格
## 卧室台灯

可移动式通用

＄268.00

更多视图

通常分为上照式台灯和直照式台灯，一般布置在客厅和休息区域，如沙发、茶几配合使用，以满足房间局部照明和点缀装饰家居环境的需求。现在流行的一些现代简约主义居家设计，其时尚独特的造型与便捷快捷的使用性变大众喜爱。这种灯具的使用相当普遍。

添加购物车

曲线裁切增添艺术感 ①

⑤ 主动留白，提高品质

④ 信息展示完整

扩展信息展示区域 ②

③ 扩展按钮宽度，优化操作体验

R210, G170, B110

R220, G96, B96

R160, G160, B160

- · **设计点评**

　　修改后，运用曲线将背景图片进行裁切，只保留商品主体形象部分，这样能增强版面的艺术感。扩展信息展示区域，保证商品信息能够完整展示。将按钮宽度扩大，优化人机交互体验。增加版面的留白区域，以提升设计品质。